LES
QUESTIONS AGRICOLES

D'HIER ET D'AUJOURD'HUI

CHRONIQUE AGRICOLE DU « JOURNAL DES DÉBATS »

PAR

M. Daniel ZOLLA

LAURÉAT DE L'INSTITUT
PROFESSEUR A L'ÉCOLE LIBRE DES SCIENCES POLITIQUES
ET A L'ÉCOLE D'AGRICULTURE DE GRIGNON

DEUXIÈME SÉRIE

PARIS

ANCIENNE LIBRAIRIE GERMER BAILLIÈRE ET Cie

FÉLIX ALCAN, ÉDITEUR

108, BOULEVARD SAINT-GERMAIN, 108

1895

LES

QUESTIONS AGRICOLES

D'HIER ET D'AUJOURD'HUI

LES
QUESTIONS AGRICOLES

D'HIER ET D'AUJOURD'HUI

CHRONIQUE AGRICOLE DU « JOURNAL DES DÉBATS »

PAR

M. Daniel ZOLLA

LAURÉAT DE L'INSTITUT

PROFESSEUR A L'ÉCOLE LIBRE DES SCIENCES POLITIQUES

ET A L'ÉCOLE D'AGRICULTURE DE GRIGNON

DEUXIÈME SÉRIE

PARIS

ANCIENNE LIBRAIRIE GERMER BAILLIÈRE ET Cie

FÉLIX ALCAN, ÉDITEUR

108, BOULEVARD SAINT-GERMAIN, 108

1895

INTRODUCTION

Nous avons publié l'année dernière le premier volume des « Questions agricoles d'hier et d'aujourd'hui ». Cet ouvrage a reçu du public un trop bon accueil pour que nous hésitions à lui présenter une nouvelle série d'études analogues.

Ainsi que nous le disions précédemment, ce livre n'est pas seulement destiné aux agriculteurs; en l'écrivant nous avons eu le dessein et l'ambition de faire connaître à tous ceux qu'intéresse la vie économique de notre pays, quelques-unes des questions scientifiques, commerciales ou financières qui se rapportent à notre grande industrie agricole.

On s'imagine parfois qu'en dehors de l'enceinte de nos villes toute activité cesse et que le

« paysan » courbé vers la terre n'a rien à apprendre ou à nous enseigner. Ces erreurs déplorables ou ces préjugés ridicules ne prouvent que l'ignorance de ceux qui les partagent et les répandent. Si l'agriculture est restée longtemps stationnaire, elle a fait, en revanche, depuis trente ou quarante ans, de rapides progrès. Ces derniers sont dus, dans la plupart des cas, à l'application intelligente des découvertes scientifiques sans lesquelles l'industrie agricole ne pouvait pas modifier ses anciennes méthodes et accroître sa production d'une façon lucrative.

L'industriel agit, toujours, ou presque toujours, sur des matières inertes et privées de vie, qu'il façonne et transforme à son gré. Le génie inventif et l'industrieuse activité de nos ingénieurs ont multiplié les perfectionnements de nos outils et de nos machines; la **matière** leur obéit!

L'agriculteur n'opère pas directement des transformations semblables à celles que réalise l'industriel. — Les plantes dont il sème les graines sont des êtres vivants; elles se développent suivant des lois que l'homme ne connaît pas encore complètement ; elles enfoncent leurs racines et puisent une grande partie de leurs aliments dans le sol, et nous ne savions pas hier comment on pouvait compléter la terre pour la rendre capable de nourrir la plante.

L'agriculteur utilise également des animaux, c'est-à-dire, des machines vivantes dont l'organisme obéit à des lois physiologiques qu'il faut connaître pour pouvoir opérer avec profit les transformations appelées : élevage, engraissement, production du lait, etc., etc. L'animal n'est, en effet, pour l'agriculteur qu'une machine destinée à transformer des aliments, en viande, en graisse, en laine, en force, etc., etc.

Mais, si l'agriculteur est forcé de connaître précisément toutes les questions scientifiques relatives au sol, à la plante et aux animaux domestiques, qui ne voit l'utilité du développement de son instruction professionnelle ?

Certes, tous ceux qu'on nomme « agriculteurs » ne sont point obligés de connaître ces questions pour exercer leur utile industrie. Il leur suffit d'avoir appris les applications pratiques des solutions scientifiques que l'agronome et le savant ont découvertes; il leur suffit de faire varier ces applications avec les circonstances et la situation particulière à chaque exploitation rurale. Telle est, le plus souvent, la tâche, et tel est le rôle des agriculteurs.

Nous avons précisément cherché à éclairer le public sur l'intérêt de ces applications. Quelques-unes des études contenues dans ce volume s'y rapportent exclusivement.

Beaucoup d'autres chapitres, il est vrai, sont consacrés à l'étude des questions économiques qui préoccupent si vivement le public agricole.

Depuis 1873, et surtout depuis 1880, le prix des principaux produits ruraux a subi une baisse rapide. Nous ne pouvions pas laisser de côté ces problèmes dont les solutions diverses demandent à être appréciées sans parti pris, sans passion, avec l'impartialité de l'observateur qui recherche simplement la vérité.

On attribue communément à la concurrence étrangère la baisse des cours du froment, du bétail, des vins, etc., etc... C'est là, croyons-nous, une opinion fausse. La dépression des cours n'est pas spéciale aux produits agricoles plus directement exposés à la concurrence des « pays neufs ». Les industriels ne souffrent pas moins que les agriculteurs de ce phénomène imprévu qui s'appelle, la baisse des prix.

Le développement de nos importations de froment ou de bétail ne peut justifier ou expliquer l'affaissement soudain et rapide du prix de ces denrées.

Il nous paraît probable que nous sommes entrés depuis quinze ans dans une période de baisse semblable ou analogue à celles que l'on peut constater et étudier au xviiie siècle, ou même au xixe, depuis 1820 jusqu'à 1850, par exemple. Nous souffrons, et l'on souffre dans une grande partie du monde, d'une crise monétaire qui se traduit par une baisse générale des prix.

Nous pensons que la démonétisation de l'argent a augmenté le pouvoir d'achat de l'or, seul métal capable de jouer aujourd'hui le rôle de monnaie internationale et de remplir l'office qui était autrefois, avant 1877, réservé en même temps à ce métal et à l'argent.

Il faut bien se garder de croire que la loi puisse remédier à cette situation.

La reprise de la frappe libre de l'argent n'aurait pour effet que d'appauvrir les nations comme la France qui détiennent aujourd'hui un stock d'or très considérable. Il ne faut pas croire non plus que les pays à étalon d'argent, comme l'Inde, jouissent d'une situation privilégiée, et que la baisse du métal blanc par rapport à l'or leur permette de nous faire une concurrence redoutable.

En ce qui concerne particulièrement le blé, nous sommes persuadé que la baisse des prix n'est pas due à la concurrence du froment indien.

Le dix-septième chapitre de ce volume est consacré à l'étude de cette question.

Les charges fiscales de la propriété rurale, si souvent confondues avec celles qui pèsent sur l'industrie agricole elle-même, méritaient d'être étudiées. Nous soumettons au lecteur les réflexions et les chiffres qu'il trouvera dans les chapitres VIII et IX de cet ouvrage.

On a beaucoup exagéré, à notre avis, le poids des impôts qui grèvent la terre, et l'on a, sans raison, considéré ces contributions comme des charges qui pèsent sur les *agriculteurs*. Il est utile de faire, à ce propos, une distinction. La plupart des charges fiscales de la propriété rurale ne retombent pas sur les locataires de biens ruraux, et à plus forte raison sur les salariés ou leur famille.

La réduction ou la suppression du principal de l'impôt foncier ne nous paraît pas justifiée. Elle ne saurait adoucir réellement et efficacement les souffrances qu'a provoquées la crise actuelle. Les conséquences de cette mesure dont l'application ne pourrait être légitimement restreinte aux seuls petits propriétaires, seraient évidemment fâcheuses. Diminuer les ressources du budget de l'Etat à un moment où l'on s'efforce, au contraire, de les développer, ce serait rendre nécessaire l'établissement de nouvelles taxes moins bien justifiées que le *maintien* d'un impôt foncier frappant une source importante de revenus, la terre. Depuis un siècle la contribution assise sur le produit net du territoire agricole (1) a diminué d'une façon absolue et relative. Les pro-

---

(1) Nous parlons ici du *principal* de l'impôt.

priétaires sont donc mal fondés à se plaindre.

Ce qu'ils ont, au contraire, le droit de réclamer, c'est une meilleure répartition de l'impôt qui frappe aujourd'hui trop inégalement les domaines ruraux.

Enfin, nous ne pouvions pas oublier en écrivant ce volume que les questions sociales sont, à cette heure, très ardemment discutées. Les socialistes et les collectivistes voudraient nous démontrer que l'organisation actuelle de la société est mauvaise parce qu'elle n'assure pas une répartition équitable des produits industriels et agricoles.

Parmi les capitalistes que l'on accuse volontiers de tous les crimes, et auxquels on reproche une insatiable avidité, les propriétaires fonciers ont été les plus maltraités. Aux yeux des « novateurs » contemporains la propriété privée du sol est la source des inégalités sociales et de la misère croissante « des travailleurs ».

Nous ne saurions partager cette opinion et il nous a paru bon de la combattre. Dans le dernier chapitre de ce volume nous indiquons le rôle utile et bienfaisant des propriétaires ruraux.

C'est également la même pensée que nous avons développée, en nous adressant dernièrement aux étudiants. Notre conférence est reproduite ci-après et constitue une nouvelle introduction destinée à montrer dans quel esprit ont été réunies et écrites les études économiques que renferme ce volume. Nous espérons qu'il trouvera auprès du public l'accueil réservé à son devancier, et nous pensons que la sincérité de nos convictions lui vaudra, peut-être, l'indulgente bienveillance du lecteur.

D. ZOLLA.

Paris, 29 juin 1895.

a.

L'AGRICULTURE ET LE SOCIALISME

M. D. ZOLLA. — Messieurs, lorsque le Président du Comité m'a demandé mon concours, je le lui ai promis immédiatement, parce que c'était un honneur pour moi de prendre la parole devant vous (*Ah!*); parce que c'était un devoir, en même temps, de venir défendre, ici comme partout ailleurs, des idées que je crois justes et bonnes. (*Applaudissements.*)

J'ai à vous parler, ce soir, de deux questions qui sont intimement liées l'une à l'autre : du régime auquel est soumise la propriété rurale dans notre pays, et des modes d'exploitation du sol.

La terre cultivable est, en général, possédée par des particuliers. Ce régime est-il mauvais parce qu'il viole un droit naturel ou parce qu'il a des consé-

(1) Conférence publique faite le 17 mai 1895 à l'hôtel des Sociétés savantes, à la demande du Comité de défense et de progrès social, sous la présidence de M. A. Leroy-Beaulieu.

quences funestes pour les intérêts du plus grand nombre? Notre terre de France est exploitée par des propriétaires cultivateurs, par des métayers, par des fermiers. Ces modes d'exploitation doivent-ils être condamnés parce qu'ils sont contraires aux intérêts généraux?

Tels sont les problèmes que je voudrais étudier avec vous, et vous remarquerez que je subordonne expressément la valeur des systèmes actuels, non pas aux intérêts d'une classe comme celle des propriétaires ou des entrepreneurs de culture, mais aux intérêts généraux, à ceux du plus grand nombre. (*Applaudissements.*)

J'aborde cette discussion sans passion, sans parti pris; ce ne sont pas des conceptions abstraites que je viens défendre; ce sont des faits que j'ai l'intention de vous rappeler ou de vous faire connaître, en me réservant la faculté de tirer de leur étude les conclusions qu'elle comporte. (*Applaudissements.*)

On croit généralement que le territoire agricole de la France appartient tout entier à des particuliers. C'est là une erreur; et je vous montrerai tout à l'heure les dangers de cette confusion. En réalité, plus du dixième de la surface de notre pays, c'est-à-dire plus de 5 millions d'hectares, sont restés ou sont devenus le patrimoine de ces collectivités qui s'appellent, l'État, le département, la commune ou les établissements publics. La formation ou la conservation de ces patrimoines collectifs n'implique nullement une adhésion au système du collectivisme agraire. C'est la nature des cultures pratiquées, c'est, par exemple, la nécessité de veiller à la conservation de nos massifs boisés qui a justifié l'intervention de l'État. En respectant les propriétés des communes dans un but de prévoyance sociale et d'utilité publique, le législateur n'a nullement justifié la théorie abstraite de l'appropriation collective du sol.

Cette forme de la propriété, appliquée à la terre cultivable, ne doit-elle pas cependant être préférée? Pour le soutenir, on a fait le procès de la propriété privée, et dirigé contre elle un certain nombre de critiques que je vais examiner.

Le droit de propriété appliqué au sol est, dit-on, la source des inégalités sociales. Dépouillé fatalement du droit primitif qu'il possédait de cultiver une parcelle de terre commune, le déshérité est devenu un prolétaire. Le droit absolu reconnu à quelques hommes sur le sol, et l'appropriation définitive du territoire cultivable font de tout enfant qui naît pauvre un être voué à la misère, à la dépendance ou à la mort.

Les hommes, d'ailleurs, ont-ils commencé par reconnaître ce droit absolu, personnel et héréditaire d'une personne sur une portion du sol? En aucune façon. « Ce droit, écrit M. de Laveleye, est un fait très récent. Pendant bien longtemps, les hommes n'ont connu et pratiqué que la possession collective. Puisque l'organisation sociale a subi de si profondes modifications à travers les siècles, il ne doit pas être interdit de rechercher des arrangements sociaux, plus parfaits que ceux que nous connaissons. Nous y sommes même obligés sous peine d'aboutir à une impasse où la civilisation périrait (1). »

Que faut-il donc faire pour épargner à notre nation la destinée des démocraties antiques qu'a perdues la lutte inévitable des riches et des pauvres? Il faut rendre à tout être venant en ce monde sa part inaliénable, la jouissance d'une partie du sol. Ce sont des spoliations et des violences qui ont dépouillé l'humanité de ce patrimoine; la justice commande de le lui restituer. Possédée en commun, la terre sera allotie comme autrefois, et répartie entre les familles d'après le nombre de leurs membres et les besoins qui en résultent.

Je viens d'exposer, Messieurs, la thèse collectiviste, et j'ai fait tous mes efforts pour ne pas en dissimuler la force ou en diminuer la valeur. Voici, cependant, comment on peut répondre.

_____

(1) E. de Laveleye. *De la propriété et de ses formes primitives*. Préface, p. XXI.

Si demain, le patrimoine collectif de chaque commune rurale était constitué ou agrandi, quel usage en serait fait? Verrait-on beaucoup de citadins quitter l'usine ou l'atelier, le magasin ou le bureau, pour manier la bêche et saisir les mancherons de la charrue? Il est permis d'en douter; supposons, cependant, que beaucoup veuillent revivre de la vie des champs et réclament une part de l'héritage collectif dans la commune où ils sont nés. Il ne suffit pas de posséder une terre ou d'en avoir la jouissance pour lui faire porter des récoltes. Où sont pour ces déshérités, les instruments, le bétail, les semences que nul n'a pris soin de leur réserver? Où se trouvent la grange et l'étable, la hutte ou la chaumière dont ils ont besoin? Quelles avances leur permettront d'attendre la récolte ou de parer à son insuffisance?

La société généreuse envers ces déshérités leur donne à cultiver quelques hectares de terre. A-t-elle garanti du même coup leur indépendance, assuré leur bien-être ou remédié seulement à leur misère? Ayons le courage de ne pas nous laisser abuser par une illusion. L'homme a la jouissance gratuite d'une terre; cela est vrai; mais il ne possède rien de ce qui est indispensable pour l'exploiter. Le domaine du prolétaire est de 2, de 3, de 10 hectares peut-être; soit, j'y consens bien volontiers. Ce qu'il reçoit en réalité, c'est la jouissance gratuite d'un lot de terre qu'il ne pourra pas cultiver. Pour devenir réellement agriculteur, il lui faudrait disposer d'un capital dix fois supérieur à la valeur locative du sol nu auquel il a droit. Mais s'il possède ce capital, qui l'empêche aujourd'hui même de devenir un entrepreneur de culture? S'il ne le possède pas, qui devra donc le lui fournir? La société, répondent les socialistes! Et en effet, la logique veut qu'après avoir établi au profit de tous la propriété collective du sol, on fonde également, au profit de tous, la propriété collective des autres instruments de production. Le bétail et les semences, le chariot et la charrue, la grange et l'étable, la maison ou la chaumine ne sont pas moins utiles à l'homme que la terre. Il faut tout donner ou ne rien promettre.

La société ne peut tenir ses promesses qu'à la condition de procéder à une expropriation immédiate qu'aucun droit ne justifie. Si l'on peut dire, à tout hasard, que l'homme n'a pas *fait* la terre, il est impossible de prouver que ce n'est pas lui qui a élevé le bétail, produit les semences, fabriqué l'outillage mécanique rural, ou construit de ses mains les bâtiments d'exploitation. La propriété collective du sol a été reconnue et pratiquée autrefois, il y a quelques milliers d'années; mais jamais on n'a songé à contester la légitimité de la propriété des objets particuliers, du bétail, des instruments de culture ou des bâtiments élevés pour abriter la famille. Il n'est pas de peuplade sauvage qui ne respecte ce droit ; les collectivistes modernes ont-ils la prétention de le nier ?

Ainsi, Messieurs, la nationalisation du sol ne peut être utile qu'à la condition d'être complétée par une mesure violente, l'appropriation collective des autres agents de la production agricole, et cette expropriation n'est qu'une confiscation brutale. Aucun droit ne la justifie.

Nous n'avons, en effet, aucune illusion à garder sur le caractère de la nationalisation des moyens de production en ce qui touche l'agriculture. Le principe de l'indemnité ne pourrait être admis, puisqu'il s'agirait d'un capital représentant une valeur de plusieurs milliards. Impuissant à s'acquitter, l'État trouverait plus simple de ne pas contracter une dette, et il se bornerait à confisquer.

Quel usage feraient de ces capitaux les hommes auxquels ils seraient confiés ? Il est permis de prévoir que beaucoup des nouveaux tenanciers de la société collectiviste n'auraient pas le talent nécessaire pour les faire fructifier.

La fortune ne se conserve que par l'exercice des facultés qui ont permis de l'acquérir.

En appelant à la direction d'une exploitation rurale, ceux-là mêmes qui ne sont pas capables de remplir cette fonction, la société n'aura fait qu'organiser le gaspillage, et nulle surveillance effective ne saurait le prévenir ou le limiter, parce que nulle part le sentiment de l'intérêt personnel et de la responsabilité ne viendra stimuler les activités ou punir la nonchalance.

Il paraîtra plus simple à ceux que la ruine atteindra d'accuser les circonstances et de puiser à nouveau dans les caisses de l'État.

Comment répartira-t-on les terres entre ceux qui prétendent en avoir la jouissance gratuite? Donnera-t-on aux habitants de la Sologne l'étendue qui sera concédée aux prolétaires de l'Orléanais, de la Flandre ou de la Picardie? Tiendra-t-on compte de la fertilité du sol, des facilités de communication, du nombre des habitants, de la densité de la population dans chaque région? Autant de problèmes insolubles parce que leur solution dépend des circonstances et change avec elles.

Telles terres réputées peu fertiles il y a cinquante ans comme celles de la Bretagne, de la Vendée ou du Limousin, ont été améliorées rapidement et leur valeur s'est accrue de 50 à 80 0/0 depuis 1850 jusqu'à 1880, tandis que le prix du sol dans la Franche-Comté ou la Bourgogne n'augmentait que de 15 à 25 0/0!

Faudrait-il donc procéder, aujourd'hui, à une nouvelle répartition entre les Français pour maintenir l'égalité? Mais cette égalité même n'est qu'un rêve. Deux agriculteurs vivant côte à côte, pourvus des mêmes capitaux et exploitant les mêmes terres, obtiennent des produits et réalisent des profits différents! Un moment effacée, l'inégalité apparaît de nouveau. Cela est inévitable, et j'ose dire que cela est juste; cela est inévitable, parce que tous les hommes sont inégaux en force, en intelligence, en expérience, en savoir; cela est juste, parce que l'imprévoyance et la paresse ne doivent pas recevoir la récompense réservée à la prévoyance et à l'activité!

D'ailleurs, Messieurs, avant de recourir à une révolution agraire et à une confiscation violente des capitaux nécessaires à la culture, il serait peut-être bon de se demander si le but que l'on poursuit, que nous poursuivons tous, l'amélioration du sort des « déshérités », n'a pas été atteint dans bien des cas par d'autres moyens.

LE RÔLE DES PROPRIÉTAIRES

On a dit et l'on répète souvent, sans hésiter, que le droit de propriété reconnu à quelques milliers d'hommes réduit nécessairement à une situation précaire et misérable tous ceux qui sont privés de leur part du patrimoine foncier.

C'est là une erreur ; le droit du propriétaire ne constitue pas en sa faveur un privilège refusé à ceux qui n'en sont pas investis en naissant. Les possesseurs du sol ne constituent pas une caste fermée, et leur prétendu privilège est de ceux que tout le monde peut acquérir au prix de quelques efforts. Les prolétaires ruraux trouvent, au contraire, parmi les propriétaires du sol, des auxiliaires et des prêteurs qui sont amenés par la nature des choses à faciliter la constitution ou le développement de leur fortune.

En réalité, Messieurs, le rôle des propriétaires est tout différent de celui qui leur est attribué. Ce rôle n'est pas celui de parasite. Le rôle de propriétaire est un rôle bienfaisant et un rôle utile. C'est ce rôle particulier des propriétaires que l'on a volontiers laissé dans l'ombre, et qu'il convient de vous signaler.

La terre n'est qu'un des agents de la production agricole : je viens de le dire et je le répète ; lorsqu'il s'agit de cultiver et de devenir un entrepreneur, cet agent est même celui dont on peut s'assurer la jouissance le plus facilement et avec le moins de frais. Tous ceux qui ont acheté des terres à bas prix en Algérie ou en Tunisie le savent bien. L'hectare de terre vaut 10 francs aux environs de Sfax ; dans les meilleures régions du nord de la Tunisie, son prix ne dépasse pas souvent 300 ou 400 francs ; mais les défrichements, les plantations, la construction des bâtiments et des routes, triplent, quintuplent ou décuplent ces dépenses primitives. La terre, je le

répète, est l'agent qu'on se procure le plus facilement et avec le moins de frais.

Quel est le prix de location d'un hectare de terre
en France ? Il varie de 30 à 100 francs, selon les situa-
tions et la fécondité du sol. Mais, pour mettre en
valeur cette terre telle que les collectivistes voudraient la répartir entre les citoyens, il faut posséder
une somme dix fois supérieure à la valeur locative
du terrain. Le plus souvent nos paysans seraient
incapables de fournir cette somme ; c'est le propriétaire foncier qui la leur avance.

Dans les régions de notre pays où le sol est
moins productif, où les salaires sont moins élevés,
et où la condition matérielle des salariés reste
encore précaire, l'homme qui ne possède pour
toute fortune que son activité et son intelligence
trouve à sa disposition, non pas seulement la terre
mais encore les capitaux qui sont indispensables
pour la cultiver. Il ne s'agit pas ici d'un don qui
n'engagerait ni la responsabilité ni l'avenir des
donataires ; il s'agit d'un prêt fait à ceux qui en sont
réellement dignes, parce qu'ils se montrent capables
d'en profiter. (*Applaudissements.*)

Ce sont les propriétaires eux-mêmes qui *choisissent*
en effet, un associé, lui fournissent tout ou presque
tout ce qui est nécessaire à la culture et partagent
en nature les produits de l'exploitation. Ce contrat
s'appelle métayage ou colonage partiaire.

Dans vingt et un de nos départements, ce mode d'exploitation est général. On compte, en France, 340,000 familles de cultivateurs sortis des rangs des salariés et devenus ainsi des chefs d'entreprise, de véritables industriels agricoles.

Demain, ces modestes tenanciers seront propriétaires à leur tour s'ils apportent, dans l'exercice de leur profession, les qualités dont dépend le succès. Abandonnés aux premiers venus, sans discernement, sans choix, les capitaux confiés à ces agriculteurs par les propriétaires auraient été gaspillés. Réservés, au contraire, à ceux qui peuvent et savent en faire usage, ces agents de production assurent l'existence de 12 ou 1.500.000 personnes composant la famille des métayers dont je vous parle. (*Applaudissements.*)

Entre le propriétaire et le métayer, on ne trouve point d'antagonisme d'intérêts irrémédiable; le lien qui existe entre eux les rapproche en même temps qu'il les unit toutes les fois que le propriétaire comprend ses devoirs en faisant valoir ses droits. A l'égard de ses auxiliaires, le métayer n'est pas davantage l'employeur impitoyable dont il est de mode de nous parler. Les domestiques ou les salariés qu'il emploie s'assoient à sa table et partagent ses repas; travaillant côte à côte, ils ne songent, ni les uns ni les autres, aux inégalités sociales et à la distance qui sépare l'entrepreneur du salarié. (*Applaudisse-ments.*)

L'exemple des métayers vous prouve que le régime de la propriété privée du sol n'est pas le moins du monde inconciliable avec l'amélioration progressive de la condition des salariés qui sont réellement des travailleurs, c'est-à-dire des hommes laborieux et actifs.

Vous venez de le voir, le métayage, par exemple, ce contrat si utile et si souple, unit d'une façon étroite le propriétaire au cultivateur et sert, par conséquent, à résoudre pacifiquement, depuis bien des siècles, le problème social de la culture du sol par l'homme qui est pauvre.

Quant aux conditions de ces prêts et de ces avances consenties par les propriétaires, soyez certains qu'elles sont très avantageuses aux tenanciers.

Le revenu de la terre elle-même ne s'élève pas à plus de 3 ou 4 0/0 de la somme qu'elle représente. Quant au capital de culture, son taux de placement varie avec les profits de l'exploitation, puisque le propriétaire est un associé ; mais la part de ce dernier ne peut augmenter sans que celle du métayer ne s'élève en même temps.

Mais, direz-vous, le métayage est une exception ; partout où le sol est affermé à prix d'argent, moyennant une somme fixe indépendante des profits de la culture, le rôle du propriétaire est différent. Il ne consiste plus qu'à percevoir des fermages ; l'entrepreneur de culture doit disposer de toutes les ressources nécessaires à l'exercice de son industrie, et au-dessous de lui le manœuvre ou le domestique, privé de la jouissance gratuite du sol, n'est plus qu'un prolétaire voué à la misère et à la dépendance.

C'est encore une erreur. Dans la France entière, où le métayage a disparu, vous trouvez encore le propriétaire jouant le rôle de prêteur (*Oh! oh!*) et proportionnant avec soin l'étendue de ses avances ou la surface de ses exploitations à la richesse dont dispose la classe des cultivateurs. Il met toujours, cela va de soi, la terre et les bâtiments à la disposition de l'agriculteur; mais, le plus souvent, à ce capital foncier s'ajoute une partie des capitaux d'exploitation, des fourrages, des pailles, des engrais, des animaux, des semences, des instruments.

Tout à l'heure, le propriétaire fournissait la totalité des capitaux d'exploitation et des avances. Ici, il n'en apporte plus que les 3/4 ou les 4/5. Mais toujours ces prêts sont proportionnés à la fortune de ceux qui peuvent cultiver le sol; toujours aussi, le propriétaire soucieux de ses intérêts distingue les hommes que leurs qualités ou leur habileté professionnelle désignent à son choix. Heureux de les rencontrer, il n'hésite pas à les élever de la condition où le hasard les a fait naître, pour les placer là où ils peuvent rendre des services. Nulle part, une barrière infranchissable ne sépare les différentes classes

qu'il nous plaît de créer ; le journalier devient fermier, et le fermier devient à son tour propriétaire.
La vie n'est dure et la fortune aveugle que pour
ceux dont la nonchalance refuse à la terre les soins
qu'elle réclame.

Partout nous trouvons le propriétaire jouant le
même rôle, ce rôle bienfaisant, ce rôle de prêteur,
ce rôle qui consiste à mettre dans d'excellentes conditions (je vais vous le rappeler), à la disposition des
agriculteurs les capitaux indispensables.

Dans quelles conditions sont faits ces prêts par les
propriétaires à ceux qui ne possèdent pas les capitaux indispensables pour cultiver le sol?... dans
d'excellentes conditions non pas pour le propriétaire, mais pour l'agriculteur qui ne possède pas ce
qui lui est indispensable. Jamais un propriétaire ne
retire de ses terres plus de 3, 4, 5 0/0 au maximum
du capital que ces terres représentent.

Je vous le disais, Messieurs, ce n'est pas au profit
même des propriétaires que de pareils contrats sont
établis : c'est, en réalité, au profit des cultivateurs.
Dans aucune espèce d'industrie, on ne trouve à se
procurer aussi aisément, d'une façon aussi commode
à aussi bon marché, tous les capitaux qui sont nécessaires à l'exercice d'une industrie comme l'agriculture : nulle part, on ne trouve un homme disposé à
fournir à celui qui veut devenir un entrepreneur les
quatre cinquièmes, les huit dixièmes, jusqu'aux neuf

dixièmes ou jusqu'à la totalité des capitaux qui lui sont indispensables. Et dans la plupart des cas, le propriétaire fournit ses capitaux dans d'excellentes conditions. Il retire de ses capitaux un intérêt très modeste. Très souvent même il est véritablement l'associé du cultivateur, il partage en nature les produits de la culture, il s'associe à tous les risques de cette culture, supportant les mauvaises années, exposé, par conséquent, à tous les périls d'une industrie à laquelle il ne coopère qu'indirectement. Je crois donc que le rôle du propriétaire n'est pas, comme on le dit, un rôle de parasite, c'est un rôle utile et un rôle bienfaisant...

C'est lui, en réalité qui aide le cultivateur dépourvu de tout, à s'élever au-dessus de sa condition, à cesser d'être un salarié rural pour devenir un modeste entrepreneur de culture. (*Applaudissements.*)

Qu'il s'agisse en réalité de métairie ou de ferme, les propriétaires remplissent toujours ce rôle dont je vous ai parlé. Ils veillent à ce que l'on peut appeler le maintien de la fertilité du sol. Ils ont un rôle important au point de vue de l'avenir. Ils empêchent justement que l'on ne sacrifie les intérêts de l'avenir à ceux du présent, et, à ce point de vue-là, le rôle du propriétaire, dans la France entière, est un rôle bienfaisant. (*Applaudissements.*)

N'auraient-ils que ce rôle à remplir, les propriétaires seraient encore utiles, et, par conséquent, je crois qu'on ferait mieux de signaler précisément ce rôle que je viens de vous indiquer là que de leur jeter, comme une injure à la face, cette épithète de propriétaires rapaces que, très souvent, on emploie.

Au seul point de vue du contrôle et de la surveillance, la Société collectiviste serait obligée de donner à des inspecteurs insouciants ou malhonnêtes une somme supérieure à celle que prélèvent les propriétaires sur le produit des cultures à titre d'intérêts des capitaux d'exploitation mis à la disposition des agriculteurs. (*Très bien! très bien!*)

Vous remarquerez, Messieurs, que je parle, en ce moment, des propriétaires qui ne cultivent pas euxmêmes. Ce sont eux, en effet, qui ont été plus particulièrement attaqués et dont le prétendu privilège a déchaîné le plus de colères. Quand on étudie la réalité sans passion, on s'aperçoit cependant qu'ils ne représentent qu'une minorité dans la classe des possesseurs du sol. Il ne s'agit pas seulement d'une minorité en nombre, mais encore d'une minorité par rapport aux *surfaces cultivées*. L'étendue occupée en France par les terres labourables, les prés, les vignes, les herbages, les vergers et les cultures arborescentes, n'atteint pas 33 millions d'hectares, et les propriétaires des biens donnés en location ne possèdent que 13 millions d'hectares, tandis que les propriétaires-cultivateurs font valoir 19 millions d'hectares!

En admettant qu'on voulût respecter le domaine des propriétaires-cultivateurs, la nationalisation du sol ne pourrait s'appliquer qu'aux 13 millions d'hectares possédés par ceux qui ne cultivent pas directement leurs terres. Or quel peut être le revenu de cette surface? Comptée à raison de 60 francs l'hectare pour tenir compte des capitaux d'exploitation qui se trouvent joints à chaque domaine, la valeur locative annuelle de ces 13 millions d'hectares ne représenterait guère plus de 780 millions de francs. Répartis entre les quatre millions de familles dont se compose la population agricole, le produit de cette confiscation ne donnerait que 195 francs par famille; distribué entre les 10 millions de ménages qui constituent la famille française, il ne vaudrait plus pour chacun d'eux qu'un peu moins de 80 francs. Voici à quel résultat misérable aboutirait la nationalisation des terres appartenant aux propriétaires non cultivateurs. (*Applaudissements.*)

Et savez-vous quel serait le produit d'une confiscation générale dépouillant tous les propriétaires de France? Il est facile de le calculer. En réalité, lorsque l'on retranche du territoire de la France les fonds de l'État et des communes et tous les biens déjà appropriés collectivement, soit 5 millions d'hectares, il n'en reste plus que 44 à partager.

Le revenu net moyen ne s'élève pas à plus de 40 francs, parce que sur ce total de 44 millions d'hectares, on en compte 12 qui ne sont que des herbages improductifs, des landes ou des broussailles. Le revenu net annuel de tous les propriétaires ruraux ne dépasse donc pas 1.700 à 1.800 millions.

La part attribuée à chaque famille agricole sur ce produit serait de 4 à 500 francs. Ce n'est pas là un surcroît de ressources, un don de joyeux avènement du régime collectiviste. Pour distribuer cette somme si minime, il aura fallu dépouiller les deux millions de familles qui vivent en France du produit des terres qu'elles possèdent et qu'elles cultivent; il aura fallu dépouiller, en outre, les 1.406.000 paysans qui sont en même temps des petits propriétaires et des fermiers ou des métayers.

Si enfin, après avoir confisqué les biens de ces modestes travailleurs, on veut répartir entre tous les Français la proie qu'on vient de saisir, il ne sera pas possible de donner à chaque famille plus de 170 à 180 francs! La moins justifiable, et j'ajouterai la moins démocratique des révolutions égalitaires, n'aura dépouillé 3.400.000 propriétaires-cultivateurs et 1 million de propriétaires bourgeois que pour aboutir à ce résultat misérable, tant il est vrai que nous sommes impuissants à enrichir tout le monde en arrachant la terre à ceux qui la possèdent! (*Très bien! très bien!*)

Et remarquez encore que ce résultat serait bien supérieur à la réalité et qu'il correspondrait à des

b.

inégalités redoutables, à des inégalités éminemment critiquables, car entre quelles personnes répartirait-on ce revenu? de quelle façon?

Cette répartition des terres qui seraient enlevées aux propriétaires se ferait-elle par région? Il y aurait, forcément, dans cette distribution qui serait faite des terres ou des revenus appartenant aux propriétaires dépouillés, des inégalités choquantes : dans certaines régions on aurait une grosse somme à répartir, dans d'autres une très faible, et à qui attribuerait-on les dépouilles les plus considérables, si ce n'est précisément à ceux qui vivent dans les régions déjà plus favorisées par la fécondité du sol et par l'abondance de la production? En admettant même que l'on voulût répartir primitivement d'une façon égale ces dépouilles qui sont ainsi enlevées, le lendemain une inégalité nouvelle se produirait, le lendemain il y aurait des hommes qui seraient travailleurs et heureux, le lendemain il y en aurait qui ne seraient pas laborieux et qui se prétendraient malheureux. Cette égalité une minute accomplie, une minute réalisée, cesserait d'exister le lendemain, et les inégalités sociales que l'on accuse la propriété d'avoir fait naître seraient encore, par conséquent, tout aussi vivaces et l'objet d'attaques aussi vives qu'elles le sont aujourd'hui.

L'ACCROISSEMENT DE LA VALEUR DU SOL

On a cherché, Messieurs, à prouver que la propriété privée n'était pas légitime, parce qu'elle entraînait des conséquences qui semblaient injustes. On a parlé d'une loi fatale d'après laquelle le sol prendrait une valeur croissante et le propriétaire possédant ce sol serait là prêt à recueillir un bénéfice pour lequel il n'aurait rien fait... (*Un assistant* : *Certainement !*) On a prétendu et soutenu avec la plus grande vivacité que cette loi de la plus-value du sol était une loi générale, et un socialiste américain, dont le nom vous est sans doute familier, Henry Georges... a dit qu'à mesure que la civilisation augmentait, ce qui caractérisait cette civilisation barbare et égoïste, c'est que la part du propriétaire devenait de plus en plus grande et que la part du pauvre devenait de plus en plus petite. Eh bien! Messieurs, c'est là une erreur, et il suffit de constater les faits, de les étudier, de les observer pour voir que c'est là une erreur et une erreur grave, j'ai la hardiesse de vous le dire et j'ai le courage de l'affirmer. (*Applaudissements.*)

En réalité, il y a plusieurs causes qui expliquent cette augmentation de la valeur du sol, et je ne cherche pas le moins du monde à la nier ; elle existe, cela est vrai, et il est naturel qu'elle existe.

J'ai eu souvent l'occasion de parcourir la France, et j'ai eu l'honneur d'être chargé, dans bien des départements français, de distribuer quelques modestes récompenses à des cultivateurs laborieux. Partout où je suis allé, j'ai constaté que précisément le travail de ce petit ou de ce grand propriétaire consistait à ajouter à son sol, par des améliorations nombreuses, une plus-value quelconque. Partout j'ai vu le petit champ du paysan assaini, fertilisé, nivelé, la prairie voisine irriguée ; j'ai vu sur le coteau voisin la vigne plantée à force de travail et de soin ; j'ai vu la chaumière reconstruite ou agrandie ; j'ai vu le petit enclos pourvu d'une barrière ; j'ai vu, j'ai constaté qu'il y avait là des améliorations nombreuses ; je ne l'ai pas seulement constaté pour les petits, je l'ai encore constaté pour les grands. Eh bien, il serait vraiment étrange qu'au moment où, dans la France entière, ce grand travail se continue ou se prépare, au moment où chaque propriétaire a précisément pour but de donner une plus-value à son sol et de rendre cette plus-value légitime parce que ce sol devient plus fécond, il serait étrange qu'au moment où tous les propriétaires français poursuivent ce même but, nous nous étonnions, le jour où il a été atteint, le jour où, après avoir tant travaillé, après avoir fait des sacrifices si nombreux, ces propriétaires constatent qu'en effet leurs champs valent plus *parce qu'ils produisent davantage! (Très bien! très bien!)*

Lorsqu'une enquête vient nous révéler l'augmentation de cette valeur du sol, de quel droit nous en étonnerions-nous? C'est le but que l'on a poursuivi; il est atteint! Nous en sommes heureux, parce que ce n'est pas seulement la fortune du propriétaire qui augmente : c'est la fécondité du sol qui s'accroît, c'est la production qui se développe, c'est la richesse de notre pays qui a grandi! *(Double salve d'applaudissements.)*

Je vous rappelais, Messieurs, tout à l'heure, la parole d'Henry Georges qui disait : « A mesure que la civilisation se développe, la part du propriétaire grandit. » On a prétendu comme lui que les propriétaires cherchaient à accaparer une partie des revenus de leurs concitoyens. On a soutenu que, plus la civilisation augmentait, plus on voyait s'accroître non seulement la part absolue, mais encore la part relative du propriétaire. On a soutenu, par conséquent, que tout le travail de cette civilisation ne devait évidemment servir qu'à accroître la richesse de quelques-uns et ne pouvait être que stérile pour l'augmentation du bien-être des autres, et je vous ai dit que je ne croyais pas que ce fût vrai. Je me propose précisément de vous le démontrer.

J'ai étudié attentivement un grand nombre de

comptabilités agricoles en France, et j'ai fait des comparaisons non moins nombreuses entre la situation agricole de 1830 à 1840 et la situation de ces mêmes exploitations de nos jours; voici la conclusion de ces recherches : la part du propriétaire a grandi d'une façon absolue, et cette hausse est justifiée, comme je viens de vous le dire, par ces améliorations foncières dont la valeur dépasse de beaucoup, souvent, la plus-value qui a été acquise ; mais, d'une façon générale, la part du propriétaire décroît, elle décroît d'une façon relative, tandis qu'elle augmente d'une façon absolue, de telle sorte qu'à mesure que la richesse de la culture se développe, la part relative du propriétaire diminue. Si, primitivement, il y a cinquante ans, ce propriétaire touchait la moitié du produit brut de la culture, il n'en touche plus aujourd'hui que le tiers, il n'en touche même plus que le quart. Dans l'Oise, dans Seine-et-Oise, dans Seine-et-Marne, si, il y a cinquante ans exactement, la part du propriétaire représentait la moitié du produit brut, elle n'en représente plus aujourd'hui que le quart, c'est-à-dire 25 0/0... (*Un assistant : C'est l'exception!...*) Ce n'est pas là, comme vous le dites, une exception, mais une règle, et je puis la confirmer par une observation générale. Nous savons quel est le produit brut de l'agriculture vers 1789 ; nous savons ce que valaient toutes les récoltes de l'agriculture, toutes ses productions; nous savons également à peu près quel était le revenu des propriétaires. A cette époque, le revenu des propriétaires, comparé au produit total de l'agriculture, représentait environ 45 0/0 de ce dernier, et, aujourd'hui, la production a augmenté dans une telle mesure que la part attribuée aux propriétaires du sol ne représente plus que 24 0/0. Si donc il y a une augmentation absolue de la richesse des propriétaires, il s'est produit une diminution relative de la part qui leur est attribuée sur le montant de la production agricole. Bien loin de devenir, par conséquent, des parasites, ils laissent le champ plus large à ceux qui ont à se distribuer cette part qui leur est laissée; il y a une part plus grande pour les profits de l'entrepreneur de culture, qui est, lui aussi, un travailleur; il y a une part plus grande pour la main-d'œuvre rurale et, par conséquent, cette loi que je viens de vous indiquer là, est, au point de vue social, une loi bienfaisante. (*Applaudissements.*)

Il y a également un fait, Messieurs, sur lequel j'appelle votre attention. Quand on fait allusion à l'augmentation de la valeur du sol, on parle de moyenne, on parle de choses qui, en réalité, ne sont ni concrètes ni visibles; ce ne sont pas des exemples qu'on cite, c'est une moyenne en général; mais ce qui prouve qu'en réalité le privilège et le monopole du propriétaire ne sont pas la cause de la plus-value du sol, c'est que, de 1850 à 1880, par exemple, dans une partie de la France, cette plus-value n'a pas été constatée, le prix du sol a même baissé, tandis que, ailleurs, il a augmenté. Nous observons une baisse dans une partie de nos départements de l'Est, dans une partie de nos départements du Sud ou du Sud-Est; nous constatons une hausse très remarquable dans certains départements de l'Ouest. Il est bien visible que le monopole et le privilège des propriétaires a été le même dans tous les points de France et que ce n'est point au monopole et au privilège qu'on peut attribuer la plus-value du sol : s'il en était autrement, on la constaterait partout. On ne verrait pas les domaines agricoles diminuer de valeur dans la Haute-Marne, tandis qu'ils augmentent de 70 0/0 dans la Vendée et de 100 0/0 dans le Nivernais. Eh bien! Messieurs, ce qui explique la hausse des loyers agricoles sert en même temps à la justifier. Si la terre s'est vendue plus cher dans l'Ouest de la France, par exemple, c'est qu'on l'a rendue plus productive; c'est qu'on l'a mieux cultivée. L'augmentation de la productivité du sol n'a pas profité seulement aux propriétaires; elle a contribué au développement de la richesse générale. C'est la fortune de la France qui a grandi! (*Très bien! très bien!*)

Dans les champs on voit immédiatement les conséquences de nos actes, les résultats matériels de notre activité ou de notre paresse. On s'est demandé, parfois, s'il convenait de donner aux hommes selon leurs besoins ou selon leurs efforts. La terre a depuis longtemps résolu ce problème. Elle ne donne qu'à ceux qui savent la travailler d'une main vigoureuse et habile. (*Applaudissements prolongés.*) Elle a déclaré, cette terre de France dont je vous parlais, qu'en réalité on devait donner aux hommes selon leurs efforts et non pas selon leurs besoins. (*Très bien! Très bien!*)

En réalité, cette augmentation de la valeur du sol s'explique donc d'une façon très naturelle ; il n'est besoin de parler ni de monopole ni de privilège pour montrer qu'elle est légitime et qu'elle s'explique, dans la plupart des cas, par des raisons très simples.

LES MODES D'EXPLOITATION

Au début même de cette conférence, je vous ai dit qu'on distinguait trois modes de culture : le métayage, le fermage, et le faire-valoir direct, c'est-à-dire la culture par le propriétaire lui-même.

Les deux premières formes de l'association des capitalistes fonciers et des entrepreneurs de culture ont de grands avantages. Je vous ai montré ceux du métayage.

Dans nos régions encore pauvres, ce mode d'exploitation rend les plus grands services. Il facilite la culture du sol en permettant aux plus modestes laboureurs de devenir des entrepreneurs de culture directement et personnellement intéressés au développement de la production. Les propriétaires qui comprennent leurs intérêts et leurs devoirs ne restent pas les spectateurs insouciants et inactifs du travail de leurs métayers. Ils les guident, les encouragent et les soutiennent aux heures de détresse.

Nulle barrière trop haute ne sépare le métayer du salarié agricole qui sera demain à son tour un entrepreneur de culture s'il fait preuve des qualités dont le succès dépend. Il n'existe peut-être pas d'industrie qui permette ainsi plus facilement à l'homme dépourvu de capitaux de conquérir son indépendance et d'élever sa condition.

Entre le système du métayage et le fermage tel qu'il est pratiqué dans les environs de Paris et dans nos régions de grande culture, il existe des modes intermédiaires. Partout où cela est indispensable à la culture du sol, la dimension des domaines et les capitaux d'exploitation prêtés par le propriétaire se proportionnent aux ressources des cultivateurs. Là encore, le possesseur du sol joue un rôle important, il veille notamment au maintien ou au développement de la fertilité du sol et de sa valeur. Ce n'est pas une tâche inutile et un labeur stérile. C'est l'intérêt de l'avenir qu'il défend contre les exigences ou les convoitises de ceux qui ne songent qu'au présent.

Voilà le rôle social des propriétaires de biens affermés. Si demain notre sol français était abandonné aux premiers venus qui lui demanderaient sans mesure des récoltes nouvelles, il ne tarderait pas à être stérile.

Le fermage comme le métayage est donc utile aux intérêts généraux. (*Applaudissements.*)

LES PROPRIÉTAIRES-CULTIVATEURS

J'ai à vous parler, enfin, de ceux qu'on appelle les propriétaires-cultivateurs. Il paraît qu'ils n'existent plus. J'ai entendu dire que tout ce qu'on nous avait conté à propos d'eux n'était qu'une légende : Dieu merci, cette légende est encore de l'histoire contemporaine. Si nous ne trouvons plus le nom des propriétaires-cultivateurs dans la mémoire des collectivistes, il suffit de parcourir nos campagnes pour en découvrir quelques millions. Ils vivent, ils possèdent, et ils travaillent même à augmenter leur fortune, ce dont je les loue fort. On en compte 2 millions 150.000 qui cultivent exclusivement leurs biens; il en existe d'autre part 1 million 374.000 qui sont en même temps fermiers ou métayers. Quant à la surface cultivée directement par les propriétaires, elle est de 19 millions d'hectares! Je crois que c'est là une surface qui n'est pas à dédaigner.

Il existe, comme je vous le disais, en réalité plus de trois millions de ces êtres imaginaires.

Vous avouerez, Messieurs, que, pour des êtres imaginaires, ces hommes qui sont au nombre de trois millions et qui possèdent dix-neuf millions d'hectares, tiennent un peu de place de par le monde... (*Applaudissements.*)

— On a discuté également la réalité de l'existence de la petite propriété. Je crois que cette légende de la petite propriété ressemble fort à la légende des propriétaires-cultivateurs. Nous venons de voir qu'il y avait des propriétaires-cultivateurs, mais il existe aussi des petits propriétaires. Ils sont même extrèmement nombreux, et dix-sept millions d'hectares, en France, sont entre les mains de ces petits propriétaires dont chacun possède un domaine inférieur à dix hectares d'étendue. Si, en réalité, Messieurs, vous faites l'addition de tous ces êtres qui soi-disant n'existent pas, vous trouvez que l'on peut compter trois millions de personnes en France qui possèdent des terres et qui les cultivent. En France, il existe également 1.300.000 propriétaires qui possèdent des terres, mais qui ne les cultivent pas. En définitive, dans notre pays, on trouve 4 millions ou 4.500.000 personnes qui détiennent la terre. La moitié de la population française porte ce titre de propriétaire que l'on semble si fort envier. Il ne s'agit pas d'un groupe, il ne s'agit pas d'une classe, il s'agit en réalité, de l'immense majorité de la nation française. (*Applaudissements prolongés.*)

Quels sont maintenant ceux qui restent tenus à l'écart et constituent, sans doute, le groupe des prolétaires? En voici le relevé avec les noms qu'ils portent :

Cultivateurs non propriétaires.

Fermiers	468.184
Métayers	194.448
Régisseurs	17.966
Journaliers	753.313
Domestiques	1.954.251
Total	3.388.162

Les fermiers et les métayers sont-ils vraiment des prolétaires? Il est permis d'en douter. Les fermiers, notamment, sont la plupart du temps beaucoup plus fortunés que les modestes propriétaires dont l'héritage rural constitue la principale richesse.

Que reste-t-il donc pour constituer le groupe de ces déshérités dont on parle si souvent, sans les connaître? Il reste quelque chose comme 2.700.000 personnes dont j'ai maintenant à vous parler. Mais ces 2.700.000 personnes tiennent, par des liens fort naturels, à ceux qui ne sont pas des prolétaires, car bien

c.

souvent il arrive que le fils d'un fermier et la fille d'un métayer sont des domestiques ou des salariés ; ils sont appelés, un jour ou l'autre, à recueillir l'héritage paternel. Ils seront donc eux-mêmes fermiers ou propriétaires, et il y a très peu de gens, en France, qui ne soient pas exposés à devenir ainsi des propriétaires. Ce n'est pas que ce danger les effraie beaucoup. (*Rires.*) Mais il est bien certain qu'on ne l'a pas suffisamment mis en lumière. Et où trouve-t-on, Messieurs, surtout, de ces salariés, de ces domestiques dont je vous parlais? On en trouve principalement dans les pays de grande culture, où l'on en a besoin, dans ces pays où, le plus souvent, les salaires sont très élevés, parce que le besoin de la main-d'œuvre se fait vivement sentir, et si je pouvais faire passer sous vos yeux les salaires agricoles d'un domestique, d'un charretier, d'un bouvier, d'un berger, vous verriez, Messieurs, qu'ils valent bien souvent les appointements d'un surnuméraire de nos administrations centrales. (*Applaudissements.*)

Vous trouveriez que ces hommes, qui gagnent de très gros salaires, quand ils sont logés et quelquefois nourris, ne sont pas positivement des prolétaires; vous trouveriez aussi, très vraisemblablement, qu'ils ont le moyen de faire des économies, et ils en font de très importantes. Ils n'ont pas la prétention, dans une ferme de 150 ou 200 hectares, de remplacer un jour le patron qui les emploie. Leur ambition ne va pas

si loin. Elle passerait réellement leur mérite. Ils n'ont
pas les qualités qui sont indispensables pour devenir
un grand entrepreneur de culture. Ils s'en rendent
compte. Ils se contentent de faire ces économies
dont je vous parlais tout à l'heure et, dans le canton
voisin, dans la commune voisine, là où il y a des
terres à acheter, des petites fermes à louer, ils
deviennent peu à peu des cultivateurs-propriétaires,
des petits entrepreneurs de culture. Ils forment, en
quelque sorte, un groupe nouveau; ils s'élèvent au-
dessus de leur condition première, et c'est là, dans
cette couche profonde, que se recrutent les nouveaux
propriétaires et les petits cultivateurs. (*Applaudissements.*)

Je n'ai qu'un mot à ajouter, Messieurs. En réalité,
les propriétaires français sont très nombreux, et non
seulement ils sont nombreux, mais ils deviennent,
chaque jour, de jour en jour, plus nombreux. Au
contraire, ceux qui ne possèdent pas le sol sont toujours de moins en moins nombreux; tous les renseignements que nous avons concordent à cet égard, et
nous montrent la population des ouvriers et des
domestiques décroissant, le nombre des fermiers
diminuant, le nombre des propriétaires-cultivateurs
augmentant rapidement.

On peut regretter qu'il n'y ait pas, dans la France
entière, encore plus de propriétaires, encore plus de
petits entrepreneurs de culture; d'ici peu, on n'aura

plus à exprimer ce regret. Très vraisemblablement, la culture aura encore changé de physionomie; les entrepreneurs de culture et les propriétaires seront plus nombreux qu'ils ne le sont aujourd'hui.

CONCLUSION

Je vous ai prouvé, Messieurs, qu'en réalité, la plupart des reproches que l'on adresse à l'organisation sociale, au point de vue des intérèts agricoles, ne sont pas mérités. Je vous ai parlé du rôle du propriétaire; je vous ai montré qu'en réalité il était utile et bienfaisant; je vous ai parlé des modes d'exploitation; je vous ai signalé leurs avantages; je vous ai montré qu'il existait des propriétaires-cultivateurs, de même qu'il existait de petits propriétaires. Comment se fait-il qu'on ne puisse pas améliorer davantage le sort de ceux qui possèdent peu? C'est qu'en réalité on ne produit pas assez; c'est la masse à partager qui est trop petite, ce n'est pas seulement la répartition qui est mauvaise, et alors il faut faire tous ses efforts pour accroître cette masse partageable; il faut surtout éviter que, par des agitations stériles, par la haine semée partout, par l'envie opposée à tous les efforts, on ne vienne stériliser ce travail de production. On a besoin, sur tous les points de la France, de s'entendre, de s'unir, pour produire davantage et pour produire mieux. Le propriétaire, à ce point de vue, est un collaborateur utile, et cette collaboration féconde, nous la voyons, nous la saisissons partout où il nous plaît de la constater. (*Applaudissements.*)

Messieurs, ceci est un enseignement qui ressort de ce que je vous ai dit. Ce qui importe surtout, c'est de dissiper l'illusion de ceux qui croient pouvoir donner aux hommes la richesse, l'indépendance et le loisir au moyen d'une nouvelle organisation sociale. Nul rêve n'est plus dangereux, nulle pensée n'est plus fausse. Que de fois, pourtant, on nous a parlé de ce rêve, et combien d'hommes sincères ont été trompés par cette pensée! — Après avoir triomphé, dit-on, de ceux qui l'oppriment, l'homme serait riche et heureux. Il n'y aurait plus ni pauvres ni riches parce que les fruits seraient à tous et que la terre ne serait à personne! — Eh bien! non, cela n'est pas. C'est au travail qu'il faut demander la richesse; une réforme sociale ne peut la donner à tous. (*Très bien! très bien!*)

Produire davantage, produire mieux, apprendre à connaître les lois de la nature pour les faire servir à la satisfaction de nos besoins, voilà le problème à résoudre, voilà quelle est la véritable solution de la question sociale. Je crois l'avoir prouvé en montrant que la fortune territoriale de la France divisée entre toutes les familles ne suffirait pas à leur assurer le nécessaire.

J'ai dit, en outre, que le travail humain était

indispensable pour conserver même sa valeur à la maigre proie que chacun aurait en partage.

Dire à la foule qu'il lui suffirait de secouer ses chaînes pour que tous eussent en abondance les choses nécessaires à leurs besoins, c'est la pousser à prendre ce qu'une poignée de privilégiés égoïstes semble lui refuser. Avant que l'illusion funeste dont on l'a bercée ait été dissipée, que de violences et de fautes n'aura pas commises cette foule qui se sera levée tout entière en invoquant ses droits méconnus? Et quelle sera la victime de tous ces bouleversements, si ce n'est la dupe éternelle de ceux qui le flattent et qui l'abusent, le peuple lui-même? (*Triple salve d'applaudissements*). (1)

(1) Sténographié par G. Duployé, 36, rue de Rivoli.

QUESTIONS AGRICOLES

D'HIER ET D'AUJOURD'HUI

I

La monographie d'une exploitation rurale.
La ferme de Fresnes.

On connaît peu, dans notre pays, l'organisation d'une exploitation rurale, et l'importance parfois très grande des capitaux qui sont mis en œuvre par le cultivateur.

Dans les traités d'agriculture ou d'économie rurale, on trouve bien rarement des études complètes et précises sur cette question. C'est avec un grand intérêt que nous venons de lire, dans le *Journal d'agriculture pratique*, la monographie d'une ferme, située près de Pithiviers et dirigée par un agriculteur de grand talent, M. Lesage.

Les détails sont suffisants sans être excessifs, les renseignements paraissent puisés à des sources sûres. Bref, cette description d'une belle exploitation rurale, cultivée d'une façon intelligente par un praticien éclairé, nous paraît capable d'intéresser nos lecteurs (1).

La ferme de Fresnes est située à environ 7 kilomètres de Pithiviers. Les voies de communication sont bonnes et d'un accès facile. En outre, un chemin de fer relie Pithiviers à Paris et permet de vendre avec profit une partie des pailles ou des fourrages produits sur le domaine. En un mot les « débouchés » sont larges et sûrs. La surface cultivée est de 135 hectares environ, et le prix moyen de location par hectare s'élève seulement à 63 francs. — Il est vrai que les impôts de toute nature ont été mis à la charge du fermier. Capitalisé à 3 0/0, le prix du fermage qui est de 85.000 francs en chiffres ronds, correspond à une valeur de 280.000 francs pour le domaine dont il s'agit.

En regard de cette somme, il est intéressant

_____

(1) Voir le *Journal d'agriculture pratique. La Ferme de Fresnes*, par F. Convert.

de placer celle qui correspond au capital d'exploitation du cultivateur. Ce capital s'élève à 135.000 francs environ et il représente, par conséquent, près de la moitié de la valeur du sol et des bâtiments, c'est-à-dire du capital foncier. C'est là une proportion très élevée : elle indique clairement que le cultivateur joue ici un rôle prépondérant grâce au capital considérable qu'il utilise pour mettre en valeur le domaine. Dans la même région ou dans des pays de culture déjà riche, le capital d'exploitation ne représente guère plus du cinquième ou du quart des capitaux fonciers. Cette relation est encore de beaucoup supérieure à celle que l'on constate dans nos départements pauvres. On voit donc combien les moyens d'action dont dispose le fermier de Fresnes sont relativement considérables. La nature de ses opérations et la constitution de son capital d'exploitation nous expliquent cette situation particulière.

La culture adoptée par le fermier est, en effet, une culture industrielle, et elle comporte des opérations portant sur des valeurs dont le public ne pourrait guère soupçonner l'importance.

Chaque année, tout d'abord, plus du tiers de la surface du domaine est consacré à la production de la betterave à sucre ; 50 hectares sont ainsi utilisés. Le froment occupe également 50 hectares. La sole d'avoine a une étendue de 15 hectares et les fourrages (luzerne et sainfoin) couvrent 12 hectares.

La betterave à sucre exige des dépenses considérables, des façons culturales multipliées, et nécessite de très nombreux charrois. Il est donc indispensable d'acheter les engrais chimiques utiles, de rétribuer un nombreux personnel de domestiques, ouvriers ou tâcherons, et d'avoir, à sa disposition, beaucoup d'animaux de trait, ainsi que des instruments mécaniques perfectionnés. La ferme exportant une partie de ses produits, sous forme de fourrages et de pailles, il faut, également, acheter des aliments pour le bétail. Cette substitution des aliments importés aux denrées produites à la ferme permet d'abaisser le prix de revient des rations.

La culture du blé est également très soignée à Fresnes ; les rendements sont très beaux, mais les dépenses que le fermier doit faire pour les obtenir sont considérables.

On pourra avoir une idée de la valeur de l'outillage mécanique en examinant les chiffres suivants empruntés à la comptabilité de M. Lesage :

	Francs.
Instruments de transport	18.500
— de labour	2.250
— d'ameublissement	3.150
— d'ensemencement et récolte.	5.100
Total	29.000

	Francs.
Matériel pour préparation d'aliments	850
— vinaire (cidre).	650
— de grenier à céréales.	700
Mobilier d'écurie et d'étable.	1.900
Appareils divers	2.190
Gros matériel (batteuses, manèges, etc.).	3.800
— voitures	1.800
Total	11.890

Bref on emploie à Fresnes :

	Francs.
Des instruments d'extérieur de ferme pour une somme de.	29.000
Des instruments d'intérieur pour	11.890
Total	40.890

Ce total déjà considérable est pourtant moins élevé que le montant des dépenses réellement effectuées. Les valeurs qui figurent à l'inventaire ont été réduites pour tenir compte de la dépréciation ou de l'usure du matériel.

Voici, maintenant, les sommes représentées par les animaux domestiques conservés dans l'exploitation *d'un bout à l'autre de l'année.*

	Francs.
8 chevaux	6.400
10 bœufs	6.000
2 vaches laitières	800
Volailles	150
Total	13.350

Les avances nécessaires à l'exploitation du domaine sont donc représentées de la façon suivante :

	Francs.
Outillage mécanique	40.900
Bétail entretenu toute l'année	13.350
Total	54.250

Ce total ne représente pas le tiers des dépenses effectuées durant une année, et il ne correspond pas à la moitié du capital d'exploitation réellement indispensable.

Comme nous le disions tout à l'heure, le fermier doit acheter des engrais, des aliments pour son bétail et des semences de choix. Ces dépenses, sont, à peu près, les suivantes par année moyenne :

	Francs.
Pulpes, tourteaux, son pour la nourriture des animaux	22.000
Semences	2.500
Engrais.	15.000
Total.	39.500

Il faut, en outre, acquitter les impôts, payer le fermage des terres, les assurances, entretenir les bâtiments, le matériel, etc., etc.

On peut ainsi évaluer les dépenses affectées à ces objets :

	Francs.
Fermages, impôts, assurances.	11.300
Entretien de terres, bâtiments, mobilier, soins aux animaux	6.900
Frais généraux	2.000
Total.	20.200

Enfin, les salaires ou frais de main-d'œuvre sont ainsi représentés :

	Francs.
Domestiques	10.000
Journaliers	8.500
Nourriture du personnel	7.900
Total	26.400

Cette succession ininterrompue de frais et d'avances de toutes sortes n'est pas encore terminée; nous abordons même une question très intéressante :

Pour assurer le fonctionnement régulier de ses services culturaux, nous avons dit que le fermier avait besoin d'un grand nombre d'animaux de trait. Le bétail entretenu à la ferme d'une façon continue serait insuffisant pour opérer les travaux de labour, de semailles, de transport de betteraves, etc. ; etc., d'un autre côté, il serait très coûteux d'entretenir d'un bout à l'autre de l'année des animaux qui ne pourraient être utilisés que pendant six mois. Dans ces conditions, M. Lesage a été amené à faire vers le mois d'août l'acquisition de 40 à 50 bœufs charolais de forte taille qui travaillent jusqu'en janvier, et sont, ensuite, engraissés, puis vendus en avril ou mai. Cette opération a deux avantages. Elle permet, tout d'abord, de se procurer la force motrice nécessaire sans débours considérables, puisque les bœufs sont, en général, revendus plus cher qu'ils n'ont été achetés.

En second lieu, les animaux ainsi entretenus permettent d'utiliser certaines ressources fourragères qu'on ne pourrait employer autrement, et ils fournissent une grande quantité de fumier. Cette masse de matières fertilisantes est accrue par la production du fumier que donnent 800 ou 1.000 moutons engraissés, et 300 brebis achetées au printemps pour être revendues grasses en hiver lorsque leurs agneaux ont environ trois mois.

Ces trois opérations supposent un mouvement de fonds considérable, et elles correspondent à une très curieuse division du travail. Les esprits superficiels se bornent à constater que dans une exploitation rurale la séparation des tâches n'est pas très marquée. Cela est vrai; mais, indépendamment des travaux intérieurs de l'exploitation, il existe un grand nombre d'opérations comme celles d'élevage ou d'engraissement qui supposent des transformations très variées, et la coopération de beaucoup de producteurs.

Avant d'arriver à la boucherie, un bœuf a souvent traversé la moitié de la France et passé dans trois ou quatre exploitations rurales ; il en est de même pour les moutons. Des migrations analogues ont lieu pour les chevaux qui naissent, sont élevés, et enfin utilisés dans des régions différentes, fort éloignées, parfois, les unes des autres.

A Fresnes, les achats d'animaux ont annuellement l'importance suivante :

	Francs.
46 bœufs à 600 francs.	27.600
1.000 moutons à 28 francs.	28.000
Chevaux, porcs.	2.400
Total.	58.000

Cherchons maintenant à résumer tous ces faits et à nous rendre compte : 1° du chiffre des capitaux immobilisés à titre de capitaux fixes conservés dans l'exploitation pendant l'année entière ; de la somme représentée par des approvisionnements, des matières premières telles que les engrais, les semences, les aliments et les animaux achetés puis revendus quelques mois après.

Nous trouvons :

	Francs.
1º Outillage mécanique fixe.	40.890
Bétail conservé toute l'année.	13.350
Total.	54.240
2º Achats de matières premières	39.500
Achats d'animaux.	58.000
Total.	97.500

Enfin les autres dépenses, que nous rangerons dans un troisième groupe, sont :

	Francs.
3º Fermages, impôts et assurances . . .	11.300
Entretiens divers	7.900
Salaires	26.000
Frais généraux	2.000
Total.	47.200

Au premier abord, on pourrait croire que le fermier de Fresnes doit disposer d'un capital équivalent à toutes les sommes dépensées ou avancées dans le cours d'une année. Le total serait de 198.940 francs! En réalité, il n'en est rien. Dans des circonstances semblables, il se produit, en effet, des rentrées de fonds provenant de la vente des animaux et des produits de toute sorte. Ces rentrées permettent d'assurer la marche régulière des opérations financières sans qu'il soit nécessaire de posséder un capital égal au montant des sommes avancées pendant une année tout entière. Un des meilleurs agronomes que nous connaissions, J. Piret, ancien professeur d'économie rurale à l'École de Gembloux en Belgique, a déjà insisté sur ce point dans son excellent traité (1) :

« Remarquons, dit-il, qu'au moment où un cultivateur industriel commence ses ventes d'animaux gras, son encaisse s'accroît rapidement, et cette encaisse est bien plus que suffisante pour faire face à toutes les dépenses ou payements qu'il peut avoir à faire pendant l'été. »

---

(1) J. Piret. *Traité d'économie rurale*, t. II, p. 31. Chez Masson, éditeur. Paris, boulevard Saint-Germain, 120.

En dehors du bétail conservé toute l'année et du matériel fixe, le fermier de Fresnes n'a guère besoin que d'un fonds de roulement de 70.000 à 80.000 francs. Ainsi que nous le disions au début, son capital d'exploitation n'est donc pas supérieur à 130.000 ou 140.000 francs.

Cette somme est encore fort considérable. Bien des industriels ou des commerçants ne la possèdent pas. Son emploi exige une expérience consommée, une instruction technique et générale très complète et une activité incessante. Les ignorants et les sots croient seuls que l'agriculture reste une industrie de dernier ordre exercée par ceux qui n'ont pu trouver ailleurs l'emploi de leurs facultés. Il n'y a pas d'idée plus fausse que celle-là, et le préjugé sur lequel reposent de pareils jugements est un de ceux qu'il convient de détruire. Les services rendus et les exemples donnés par un homme comme le fermier de Fresnes doivent être honorés simplement parce qu'ils ne visent pas à éblouir, mais hautement parce qu'ils sont féconds.

Faut-il donner immédiatement une preuve de leur valeur? Rien n'est plus facile; il suffit pour cela de montrer quelle a été la transformation opérée dans l'exploitation dont nous parlons, et d'en signaler les résultats économiques.

Avant d'être soumise à la culture industrielle, et, — disons-le bien vite, — à la culture *lucrative* qu'a inaugurée M. Lesage, la terre de Fresnes était exploitée suivant les usages locaux et traditionnels. Les champs, soumis à l'assolement triennal avec jachère, avaient été divisés en trois soles d'égale étendue.

Le froment occupait la première, l'avoine était cultivée sur la seconde, et la jachère permettait à la troisième de porter l'année suivante une récolte de céréales. Un quart des terres placées en dehors de l'assolement régulier était consacré aux fourrages temporaires. On n'importait à cette époque, c'est-à-dire de 1840 à 1860, que fort peu d'aliments pour le bétail et d'engrais industriels. En revanche, les seuls produits vendus étaient les céréales, quelques pommes de terre, les animaux provenant de la bergerie, et le lait de la vacherie. Durant cette période, le produit brut de la culture, c'est-à-dire la somme des valeurs créées dans l'exploitation, ne dépassait pas 300 francs par hectare, et était ainsi réparti :

	Par hectare. Francs.	%
Fermage, impôts.	65	21.7
Salaires.	78	26
Frais généraux	44	13.7
Achats de matières premières .	78	26
Bénéfices	38	12.6
Produit total.	300	100.0

Deux faits nous frappent particulièrement. C'est, tout d'abord l'importance relative très considérable du fermage et des impôts représentant plus du cinquième du produit brut. C'est, en outre, le chiffre modeste des produits s'élevant à la moitié de la somme absorbée par le loyer et les contributions. La valeur des salaires est également assez faible ; elle atteint seulement 78 francs par hectare, mais représente déjà 26 0/0 du produit.

Nous voici maintenant en 1893. Le produit brut s'élève à 770 francs par hectare et la répartition en est très différente :

	Par hectare. Francs.	%
Fermage, impôts.	84	11.0
Salaires	192	24.9
Frais généraux	74	9.6
Achats de matières premières .	292	38.0
Bénéfices	128	16.5
Produit total.	770	100.0

Le produit brut s'élève de 300 à 770 francs, augmentant ainsi de 156 0/0. C'est là un développement considérable.

Pour savoir s'il convient de s'en réjouir, il nous reste à nous demander si les profits se sont accrus. Il ne suffit pas, en effet, d'augmenter la production ; il faut que cette augmentation corresponde à une meilleure utilisation des capitaux qu'on peut consacrer à l'exploitation du sol.

Or, le capital d'exploitation par hectare ne s'élevait pas à plus de 400 francs dans la période précédente ; les bénéfices, évalués à 38 francs, représentent 9,5 0/0 de cette somme.

Le fermier d'autrefois, malgré son habileté et son expérience déjà grandes, ne pouvait donc pas obtenir plus de 9 à 10 0/0 de ses capitaux.

Aujourd'hui, avec un capital de culture qui s'élève à 1.000 francs par hectare, les bénéfices atteignent 128 francs ; le taux d'intérêt correspondant est donc de 13 0/0 environ.

Le système nouveau répond donc mieux aux nécessités actuelles. Dans les conditions où est placé M. Lesage, l'organisation de son exploitation agricole lui permet de réaliser des profits supérieurs à ceux qu'il obtiendrait en diminuant ses avances et en réduisant le chiffre de son produit brut. Ceci ne veut pas dire que partout, et dans toutes les conditions, l'emploi d'un capital d'exploitation plus considérable aurait pour conséquence une augmentation proportionnelle ou progressive des produits réalisés. Il ne suffit pas de dépenser pour recueillir. Mais dans l'espèce, c'est-à-dire avec une terre que des fumures abondantes et des travaux multipliés peuvent féconder, avec des débouchés assurés et des moyens de communication faciles, la substitution du système de culture actuel à l'ancien mode d'exploitation a été évidemment avantageuse.

En outre, elle n'a pas été profitable pour le fermier seul. Produites avec profit, des richesses agricoles plus abondantes ont servi à accroître les salaires. Elles ont été, en outre, échangées contre une masse plus considérable de produits agricoles ou industriels.

Les dépenses de main-d'œuvre ont passé de 78 à 192 francs par hectare et, circonstance très remarquable, la rémunération de chaque travailleur manuel s'est élevée rapidement. Voici, à titre de renseignements, les gages donnés aux domestiques depuis 1840 :

VARIATIONS DES GAGES (*Nourriture non comprise*) :

	1841 à 1850	1851 à 1860	1861 à 1870	1881 à 1890	1891 à 1893
	Fr.	Fr.	Fr.	Fr.	Fr.
1er charretier.	320	400	480	750	750
2o —	280	350	400	500	500
3o —	200	280	300	450	400
4c —	120	130	150	250	200
1re servante .	180	250	300	400	400
Vacher. . . .	»	450	600	600	600
Jardinier. . .	»	500	600	650	700

L'accroissement absolu des salaires est donc évident. Nous constatons même une augmentation pendant la période 1881-1890 malgré la crise agricole !

Durant ces dernières années, depuis 1891 jusqu'à 1893, les gages sont restés fixes, si ce n'est pour les 3ᵉ et 4ᵉ charretiers.

En cherchant quelle a été l'augmentation moyenne de tous les gages depuis 1851 jusqu'à 1893, on trouve les chiffres suivants :

	Gages.
1851-1860	100
1891-1893	153

Pendant ce temps, le fermage net par hectare passait de 53 à 63 francs, de telle sorte que ses variations peuvent être ainsi traduites ;

	Fermages.
1851-1860	100
1891-1893	118

Les salaires se sont donc accrus beaucoup plus rapidement que la valeur locative du sol. En même temps, nous l'avons vu plus haut, la part attribuée au propriétaire, lors de la répartition en produit brut, s'abaissait avec une extrême rapidité. Elle représentait *21 0/0* du produit, avec les impôts, il y a quelque quarante ans, et cette proportion tombe aujourd'hui à *11 0/0*. A mesure que la richesse de la culture augmente, la part absolue du propriétaire foncier peut donc augmenter, mais sa part relative diminue. Ces faits sont d'ailleurs bien connus, et il est à peine besoin d'en faire remarquer la très grande portée économique.

Dans son livre célèbre, *Progrès et Pauvreté*, H. Georges affirmait le contraire, et il disait : « La rente progressera pendant que les salaires baisseront. Du produit total, le propriétaire prendra une part de plus en plus grande, le travailleur, une part de plus en plus petite. »

Les faits observés à Fresnes et consignés dans la comptabilité d'une exploitation rurale infligent au socialiste américain un éclatant démenti.

BIBLIOGRAPHIE

On pourra lire avec intérêt :

La ferme de Masny, monographie, par J-A. Barrai.

Traité d'économie rurale, par Piret. Masson, éditeur. Paris, 120, boulevard Saint-Germain.

II

Un de nos lecteurs qui habite la région de l'Est
nous demande de parler d'une question bien
intéressante, en effet, celle des laiteries et beur-
reries coopératives.

Nous sommes heureux de lui donner satisfaction en traitant, aujourd'hui, ce sujet.

Il est certain qu'à cette heure les procédés de
fabrication du beurre sont encore fort imparfaits
dans la plupart des communes rurales. La crème,
conservée trop longtemps dans la cave ou la laiterie du cultivateur, ne donne qu'un beurre « fort »
ayant une odeur parfois désagréable, et un goût
spécial qui en diminue la valeur marchande.

Mal « délaité » ce beurre est, en outre, d'une

conservation difficile. Enfin, les méthodes même d'écrémage et de barattage sont, le plus souvent, primitives et relativement coûteuses.

Le prix des beurres se ressent des défauts de la fabrication et le produit des laiteries reste inférieur à ce qu'il serait si nos cultivateurs savaient s'entendre entre eux pour traiter économiquement, et dans de bonnes conditions, le lait obtenu chaque jour. La division de la culture est très accentuée dans notre pays surtout dans l'Est ; le département de la Haute-Saône, par exemple, renferme environ 34.000 exploitations rurales, et, sur ce nombre, en compte 26.000, soit plus des deux tiers, dont la surface varie de 1 à 10 hectares. Les fermes de 10 à 40 hectares ne sont qu'au nombre de 6.600, et celles dont la surface dépasse 40 hectares sont très rares puisqu'on n'a pu en recenser que 211 en 1882 ! Le nombre des vaches laitières entretenues dans chaque exploitation est donc nécessairement très faible. Il ne s'élève pas au-dessus de 2 ou 3 dans les petites fermes, et de 5 ou 10 dans les moyennes ou les grandes.

Dans ces conditions, la production du lait

reste très faible dans chaque étable : deux ou trois vaches donnent, sans doute, au maximum, d'une façon régulière, pendant neuf mois, 15 à 25 litres par jour. Encore faut-il prélever sur cette quantité la consommation personnelle du cultivateur et de sa famille. Il est donc impossible de faire le beurre plus d'une fois par semaine, deux fois peut-être durant l'été. La qualité du beurre se ressent de cette pratique, et les prix restent peu élevés, parce que le consommateur a toujours la fâcheuse habitude de payer moins cher les produits de qualité secondaire. Cette habitude ne changera pas ; mais on peut modifier, au contraire, le goût des produits en améliorant leur fabrication. Il suffit pour cela que 100, 200 ou 300 cultivateurs s'entendent et fondent une beurrerie coopérative où l'on travaillera le lait chaque jour par masse de 2.000 à 6.000 litres, correspondant à la production de 200 à 600 vaches.

Dans nos villages de l'Est, qui sont très nombreux mais peu peuplés, ce groupement sera peut-être plus difficile, mais on pourra, cependant, réunir un nombre suffisant d'adhérents en associant les agriculteurs de plusieurs communes voisines. Cette méthode de production a de grands avantages. Elle permet, tout d'abord, d'améliorer la qualité des beurres obtenus en traitant chaque jour de la crème fraîche. Les frais de manipulation sont réduits, et il en est de même pour les frais de transport du lait que les sociétaires peuvent confier chaque matin à l'un d'entre eux, ou à un entrepreneur qui va le recueillir dans chaque ferme.

La vente est, en outre, faite dans de bien meilleures conditions de prix par les soins de la Société, qui expédie ses produits là où ils trouvent un débouché plus avantageux. Au point de vue de l'alimentation des animaux et du choix des variétés ou des individus, la Société coopérative peut rendre de grands services.

L'influence de l'alimentation sur la production du lait et celle des aptitudes individuelles sur la richesse de ce lait en beurre deviennent immédiatement visibles dans les laiteries où chaque associé, ayant un carnet de recette, peut constater les variations de sa production en lait, et parfois aussi, comme nous le montrerons, la production correspondante en beurre.

Essayons maintenant de préciser nos idées en étudiant quelques exemples.

Quels sont, tout d'abord, les frais de construction et d'installation d'une beurrerie? Ces frais évidemment, varient avec les quantités de lait à traiter, mais ils s'élèvent plus haut proportionnellement lorsque ces quantités diminuent. Nous avons déjà indiqué le devis de la laiterie coopérative de Chaillé (1), dans la Charente-Inférieure. Pour une quantité de lait, s'élevant à 1.600.600 litres, par an, ou à 4.500 litres par jour, en moyenne les frais ont été les suivants :

	Fr.	c.
Bâtiments	3.276	50
Chaudière et machine	3.575	»
3 écrémeuses de 500 litres à l'heure	3.108	»
1 baratte et 1 malaxeur	554	»
Transmission avec courroie	475	»
1 puits avec pompe	525	»
Réservoir à eau de 20 hectolitres	70	»
Réservoir pour eau chaude	198	»
Tuyautage et robineterie	285	»
100 bidons de 75 litres	1.900	»
Autres ustensiles	60	»
Une porcherie pour 250 porcs avec bassin pour le lait doux	7.120	»
2 voitures et quelques ustensiles	635	»
Total	21.881	50

(1) Voir notre volume : *Les Questions agricoles*, 1ʳᵉ série, 1894, p. 34. 1 vol. Paris, Alcan, éditeur, 108, boulevard Saint-Germain.

Le terrain nécessaire avait été loué à un propriétaire associé. On voit que cette dépense totale de 21.000 francs n'est pas considérable, lorsqu'elle est répartie entre 250 sociétaires, comme c'était le cas à Chaillé! Les avances imposées à chacun d'eux n'atteignent même pas 100 francs.

Voici maintenant une autre laiterie traitant au moins 7.000 litres par jour, et pouvant traiter plus. Les constructions sont plus solides, mieux aménagées, plus vastes. Les dépenses totales se sont élevées à 56.000 francs. Il s'agit de la laiterie coopérative installée à Oostcamps, en Belgique, dans la propriété du baron Léon Peers. Le devis est le suivant :

	Francs.
Constructions.	26.000
Forage du puits	3.700
Chaudière et machine à vapeur	6.500
2 écrémeuses danoises	3.800
2 barattes danoises.	1.000
1 malaxeur.	500
3 réfrigérants.	1.000
1 pasteuriseur	900
400 bidons à lait	6.000
Divers accessoires	1.200
Pompes et distribution d'eau ou de vapeur	5.700
Total.	56.300

Cette dépense est plus forte; et, cependant, répartie entre 300 associés, elle ne dépasse pas 190 francs par tête. Entre les deux types que nous avons choisis, il existe, naturellement, des intermédiaires, et la dépense imposée à chacun des sociétaires oscille donc de 100 à 190 francs, ce qui n'est pas une grosse somme. Quant à la direction des travaux, au choix des appareils et à la mise en marche, on peut confier tous ces soins à un ingénieur spécial ayant l'habitude de ces installations.

Quel est maintenant le contrat qui doit lier les différents associés? Nous croyons utile de donner à titre d'exemple, sinon de modèle, les statuts d'une beurrerie.

Voici les principales dispositions que nous pensons devoir citer :

Art. 1er. — Il est institué entre les propriétaires laitiers de*** et des communes suivantes... une Association ayant pour titre...

Art. 2. — Cette Association a pour but la fabrication des beurres en commun, afin d'en obtenir des prix plus élevés. Chaque sociétaire s'engage à fournir à la Société tous ses produits hors sa consommation. La fabrication du beurre est formellement interdite. Le beurre sera fourni aux sociétaires, au prix moyen des ventes faites pendant le mois.

Art. 6. — Le nombre des sociétaires est illimité. Pour faire partie de l'Association, il faut être présenté par deux membres et admis par le Bureau. Lorsqu'un sociétaire ne saura pas signer mention en sera faite par le président, en marge du registre, sur lequel doivent signer tous les adhérents, qui acceptent par cela même tous les articles du règlement et des statuts.

Art. 8. — La Société est administrée par un Bureau composé de : un président, deux vice-présidents, un trésorier et un secrétaire. Le Bureau a les pouvoirs les plus étendus pour l'administration des biens et affaires de la Société; il peut même transiger, compromettre, donner tous désistements ou mainslevées avec ou sans payements.

Art. 9. — Le Conseil d'administration se compose d'un conseiller par groupe de dix sociétaires; ce conseiller sera expert, comme il est dit à l'article 23 des statuts.

Art. 10. — Le Bureau est élu en assemblée générale et à la simple majorité des votants. Il est renouvelable tous les ans. Les membres sortants sont rééligibles. Le scrutin a lieu soit par correspondance, sous enveloppe cachetée expédiée par les membres absents, soit par le vote personnel des membres présents.

Art. 11. — Toutes les délibérations sont prises à la majorité des membres présents et sont constatées par des procès-verbaux sur un registre spécial; elles doivent être signées de tous ceux qui y ont pris part.

Art. 12. — Le Bureau peut, pour des raisons dont il est seul juge, prononcer l'exclusion d'un membre. Cette décision est prise d'office contre tout sociétaire qui aura employé la fraude en livrant des produits falsifiés ou de mauvaise qualité. Seront également exclus les membres qui auront tenu des propos de nature à nuire au bon fonctionnement de la Société. Ils seront entendus toutefois, contradictoirement devant le Conseil d'administration qui pourra prononcer l'exclusion temporaire ou définitive,

Art. 13. — La durée de la Société est fixée à....

Art. 14. — Le budget se compose des revenus de la porcherie annexée à la laiterie et des millièmes de francs non distribués provenant de la vente des beurres. Ces sommes serviront à couvrir les frais d'entretien de l'usine et de son matériel ainsi que les dépenses imprévues. L'excédent de ce budget existant à la fin de chaque année sera réparti entre les sociétaires proportionnellement aux quantités de lait fournies par chacun d'eux. Dans le cas où l'encaisse serait trop considérable, il serait distribué un acompte dans le courant de l'année.

Répartition des fonds. — Les fonds provenant de la vente des beurres du mois après défalcation faite des frais généraux, seront distribués aux sociétaires dans les premiers jours de chaque mois *selon le nombre de litres de lait* fourni par chacun. Les fractions de centimes resteront en caisse, ainsi qu'il est dit plus haut, pour constituer une recette du budget.

Art. 15. — Aucun procès ne pourra être engagé sans l'assentiment du Bureau qui donnera pleins pouvoirs au président. Les membres de la Société et du Bureau ne contractent, en raison de leur gestion, aucune obligation personnelle ni solidaire relativement aux engagements de la Société; ils ne répondent que de l'exécution de leur mandat.

Art. 16. — Le trésorier est chargé de la comptabilité, dont il est responsable, et doit en rendre compte à toute réquisition, et au moins une fois par an en assemblée générale. — Les recouvrements sont faits par ses soins, ainsi que la répartition des fonds qui a lieu mensuellement.

Art. 17. — Les membres du Bureau ne pourront être rétribués qu'en vertu d'une décision du Conseil d'administration, qui en fixera les honoraires.

Art. 18. — Les poursuites à exercer contre les propriétaires laitiers qui n'auraient pas loyalement rempli leurs engagements seront faites aux frais et à la diligence de la Société...

Art. 26. — Le Bureau est autorisé à prélever ou à faire prélever des échantillons de lait chez les sociétaires de son choix, soit par le commissaire de police ou le garde champêtre, soit par un employé spécial désigné par le Bureau.

Art. 27. — Les échantillons seront en double

et déposés à la mairie. Ils seront cachetés à la
cire et à la marque de la Société. Le propriétaire
aura le droit de coller une bande de papier
gommé sur le cachet et d'y apposer sa signature
s'il le juge utile.

Art. 28. — Un second échantillon sera pris
le soir même ou le lendemain matin, après la
traite des vaches, qui sera faite en présence du
commissaire de police ou du garde champêtre,
ou, à défaut de ces derniers, de l'employé désigné
à ce sujet. Ces échantillons seront déposés à la
mairie et on laissera la crème monter à la surface. Ils seront ensuite examinés en temps utile
par la commission réunie à cet effet, qui jugera
en dernier ressort. Le fraudeur s'engage, lorsqu'il sera reconnu coupable par la commission, à
restituer à la Société, à titre de dommages et
intérêts, une somme de 100 francs par vache en
sa possession. Il sera toujours exclu. L'inculpé
s'engage formellement à ne recourir à l'action
judiciaire dans n'importe quel cas...

Art. 30. — Chaque traite sera livrée séparément aux porteurs de lait et dans un vase spécial.
Il est absolument interdit de mélanger les traites

et de remuer le lait dans les vases. S'il en est autrement, les porteurs de lait refuseront d'en prendre livraison. »

Comme nous le disons plus haut, il s'agit ici d'un exemple et non d'un modèle de statuts. Ceux-ci peuvent être modifiés selon les convenances de tel ou tel groupe d'intéressés. La Société de Chaillé a joint aux règlements imposés à ses membres d'intéressantes dispositions relatives à la perte des vaches laitières. Voici dans quels termes cette assurance se trouve stipulée :

« Il sera remboursé aux sociétaires 75 0/0 de la valeur attribuée aux vaches qui, par mort subite ou accident, auront été perdues par eux. Dans le cas où les vaches seraient vendues en partie à la boucherie, les sommes en provenant seront en totalité aux propriétaires et la Société remboursera les trois quarts de la perte.

« L'expertise sera faite par les commissaires réunis à cet effet, nommés en assemblée générale. Leur mandat aura une durée d'un an. En cas de contestation de la part du propriétaire, celui-ci sera libre de faire intervenir un vétérinaire à ses frais ; chaque partie se conformera à son estimation,

« La somme intégrale sera payée dans les quinze jours qui suivront l'expertise, au siège de la Société, contre récépissé. Si, toutefois, il était constaté que la mort de la vache est due au manque de soins, ou à de mauvais traitements, la perte serait tout entière à la charge du propriétaire.

« Tout sociétaire qui augmente ou diminue le nombre de ses vaches doit en informer le secrétaire de la Société en lui adressant son livret afin qu'il puisse opérer les mutations. Les vaches perdues par les sociétaires avant d'avoir fait cette déclaration ne donnent pas droit à un remboursement. »

Une assurance mutuelle ainsi organisée sous le contrôle des intéressés peut rendre les plus grands services. Nous signalons à nos lecteurs cette intelligente initiative.

Il nous paraît encore intéressant de parler d'une méthode de répartition des bénéfices entre les sociétaires, méthode qui présente de grands avantages malgré son *apparente* complication.

La production du beurre étant le but que se proposent d'atteindre les membre d'une laiterie coopérative, il est clair que les bénéfices obtenus doivent être équitablement partagés au prorata de la quantité de beurre *réellement* fournie par chacun des associés. On se contente habituellement de noter le nombre des litres de lait apportés, *et l'on admet ainsi, à priori, que toutes les vaches quelles que soient leur race, leurs aptitudes individuelles et leur alimentation, donnent un lait également riche en beurre.* C'est là, toutefois une hypothèse très discutable. En réalité, certains laits sont plus riches; et, s'il se trouve des sociétaires dont les vaches mieux choisies et mieux nourries fournissent, pour un poids égal de lait, plus de beurre que les animaux de leurs voisins on voit que ces associés sont frustrés d'une part des profits qu'ils auraient dû réaliser lors de la répartition des bénéfices. Pour éviter ces erreurs, évidemment regrettables, le fondateur d'une laiterie coopérative belge, M. le baron Peers, a eu recours au procédé ingénieux dont nous allons parler.

Aussitôt parvenu à la laiterie, le bidon renfer-

mant le lait fourni par un sociétaire, est pesé;
puis, on prélève un échantillon de quelques centimètres cubes qui est versé dans un gobelet
numéroté. Lorsque toutes les livraisons ont été
effectuées, et tous les échantillons ainsi prélevés,
un employé procède *publiquement* au dosage de
la crème et du beurre contenus dans chaque four-
niture, par kilogramme de lait. A cet effet, les
différents échantillons sont pris dans les gobelets
numérotés et versés dans des pipettes graduées
et numérotées également. Le lait doit atteindre
un point d'affleurement bien visible. Toutes les
pipettes sont ensuite disposées comme les rayons
d'une roue sur un disque horizontal que l'on
place dans une écrémeuse, et que l'on fait tour-
ner à raison de 3.000 tours par minute, l'ouverture des tubes étant tournée vers l'intérieur. Au
bout du temps convenable, la crème est montée à
la surface du lait, dans chaque pipette, et en lisant
sur la graduation, on note pour chacune d'elles,
le degré qui correspond sensiblement à la
richesse en crème des différents échantillons prélevés sur les fournitures des sociétaires. De fré-
quents essais ont permis de savoir, par exemple,

que chaque degré de la pipette du contrôleur de Hansberg correspondait à 4 grammes 5 de crème par kilogramme de lait. En multipliant le *degré* de chaque échantillon par le nombre de kilogrammes livrés, on obtient des *kilog.-degrés* qui sont inscrits chaque jour au crédit des sociétaires sur le livret individuel. Lors de la répartition du produit des ventes, on divise les bénéfices nets au prorata du nombre des kilog.-degrés attribué à chaque associé.

Cette méthode a été adoptée sans difficultés par les associés de la laiterie belge dont nous parlons. Nous avons pu constater nous-même les différences très marquées que cette méthode si équitable permet d'apprécier, en ce qui concerne la richesse des laits.

Voici, par exemple, les chiffres qui se rapportent aux comptes de deux cultivateurs :

A. Degré moyen du lait, 11°,7.

Prix par litre, 0 fr. 153.

B. Degré moyen du lait, 7°,2.

Prix par litre, 0 fr. 09.

On voit donc que la valeur justement attribuée à deux laits de richesses différentes varie de 9 à

15 centimes par litre! L'importance extrême du choix des vaches laitières est nettement indiquée. L'influence de l'alimentation peut être révélée de la même façon. On sait, en effet, que des vaches nourries avec des aliments très aqueux donnent un lait qui ne contient plus qu'une fraction faible de matières sèches, et le poids de beurre varie, le plus souvent, dans les mêmes proportions que la matière sèche.

Il serait utile de mettre sous les yeux des cultivateurs de pareils résultats et de les *intéresser* à connaître toutes ces questions dont ils ne se préoccupent guère, malheureusement pour eux.

En tous cas, nous soumettons cette idée à nos lecteurs, en les priant de nous faire part de leurs expériences ou de nous indiquer leurs critiques.

BIBLIOGRAPHIE

Voir pour tout ce qui concerne les questions traitées dans ce chapitre :

Les Questions agricoles d'hier et d'aujourd'hui, par D. Zolla. 1 vol., 1ʳᵉ série, 1894. Paris, Alcan, éditeur, 108, boulevard Saint-Germain.

L'Industrie du lait, par R. Lezé. 1 vol. Paris, Firmin-Didot, éditeur.

III

La baisse du prix du blé. — Les importations et les prix.
— La période actuelle peut être comparée à celle qui
commence en 1820. — La marche des prix du froment et
les importations de 1820 à 1840. — Généralité de la baisse
du prix des vins dans le midi de la France. — La fabrication des vins de raisins secs à Paris et dans le département de la Seine. — Les importations étrangères. —
La mévente des vins est due à une production extraordinaire.

La baisse du prix du blé provoque, en ce
moment (1), les plaintes les plus vives ; de tous
côtés, la dépression des cours est signalée comme
un phénomène économique d'une extrême gravité. La valeur du bétail a diminué également,
et dans nos départements du Midi les vins ont
suivi une dépréciation considérable ; la vente est
même devenue impossible sur certains points, et
la récolte reste dans les celliers. Voilà, certes,

(1) Février 1894.

une situation difficile, douloureuse, et dont il est impossible, en effet, de méconnaître la gravité. Il reste à savoir quelles en sont les causes, et à quels remèdes on propose de recourir pour l'améliorer.

Nous avons déjà dit, dans notre dernier volume (1), que la baisse des cours du froment ne pouvait pas être *exclusivement* attribuée à la concurrence étrangère. Pour montrer que les importations n'expliquent pas les variations des prix, il suffit, en effet, de comparer les chiffres qui s'y rapportent à ceux qui marquent l'abaissement rapide des cours. En Angleterre, où le régime douanier n'a pas subi de changements, les faits sont très nets, et leur signification ne nous paraît pas douteuse. Le tableau suivant, que nous avons déjà publié, va mettre en relief le mouvement simultané des importations de froment en grains et des prix, depuis dix ans. Il est inutile de tenir compte des farines étran-

(1) *Les Questions agricoles d'hier et d'aujourd'hui*, 1 vol. Paris, Alcan, éditeur, 1re *série*, 1894.

gères introduites en Angleterre, parce que les quantités ne sont pas très considérables et que ces dernières n'ont pas augmenté sensiblement.

VARIATIONS SIMULTANÉES DES IMPORTATIONS DE FROMENT
ET DES PRIX EN ANGLETERRE
(Les chiffres de 1883 sont ramenés à **100**).

	Prix.	Importations.
1883.	100	100
1884.	85	73
1885.	78	95
1886.	75	73
1887.	78	87
1888.	75	89
1889.	70	91
1890.	75	94
1891.	90	103

Les importations ont donc *diminué* au lieu de s'accroître, et, cependant, les prix ont subi une baisse notable.

L'année 1891 est seule marquée par une augmentation des entrées. En revanche, les prix s'élèvent brusquement. On sait, d'ailleurs, qu'en 1891 la récolte a été très mauvaise. L'accroissement des importations et la hausse momentanée des cours se trouvent ainsi expliqués.

En France, les mêmes phénomènes auraient été, sans doute, observés si les remaniements de notre tarif douanier n'avaient pas modifié, tout à la fois, la marche des prix et le mouvement des entrées. En 1884, l'annonce du vote prochain d'un droit de *trois* francs par quintal élève les importations ; ces dernières s'accroissent également en 1886 et 1887, c'est-à-dire au moment où l'on se proposait d'augmenter, à nouveau, les droits d'entrée, et de les porter à *cinq* francs par quintal. Enfin, pendant l'année 1891, le déficit de la récolte provoque, comme en Angleterre, une augmentation simultanée des importations et des prix.

Voici le tableau qui résume et complète nos indications :

	Prix.	Importations.
1883.	100	100
1884.	93	103
1885.	87	63
1886.	91	69
1887.	94	88
1888.	99	111
1889.	96	112
1890.	100	103
1891.	105	194

Jusqu'en 1888, les importations décroissent pendant que les prix s'abaissent. L'année 1884 fait seule exception à cette règle pour les motifs déjà indiqués. A partir de 1888, les prix s'élèvent, sous l'influence des droits de douane, très probablement, et le chiffre des entrées augmente en même temps. Pendant l'année 1893, les prix ont fléchi, mais les importations ont diminué. Durant les onze premiers mois de 1892, elles s'élèvent à 18 millions de quintaux, et, en 1893, ce chiffre s'abaisse à 8 millions. Si les importations provoquaient seules la baisse du froment dans notre pays ou en Angleterre, il est clair qu'aux entrées les plus considérables correspondraient les cours les plus bas. La dépréciation récente si marquée depuis dix ans devrait également coïncider avec une augmentation appréciable de nos achats à l'étranger. Or, il n'en est rien. Aux prix les plus bas, correspondent, en France, les importations les plus faibles ; aujourd'hui, encore, cette règle se trouve vérifiée, puisque le prix du blé tombe à 20 francs les 100 kilogrammes pendant que nos importations s'abaissent à 8 millions de quintaux. Il faut se borner à constater ces faits sans parti pris ni passion. La spéculation qu'on accuse, en ce moment, de faire baisser les prix, et qu'on accusait, il y a un siècle, de les faire hausser, n'a pas toute la puissance dont on s'effraye. Sans doute, l'annonce d'un relèvement prochain des droits de douane déterminera, et a déjà provoqué une importation extraordinaire qui pèsera sur les cours pendant plusieurs mois; mais, c'est là une conséquence des remaniements de nos tarifs bien plus qu'un effet de la spéculation.

Il est à peu près certain que les droits actuels établis depuis 1887 vont être modifiés. Sous l'influence des idées qui ont cours, c'est-à-dire pour répondre aux désirs de ceux qui attribuent exclusivement à la concurrence étrangère l'affaissement des prix, le droit de 5 fr. sera porté à 7 ou 8 francs (1) — Ce droit représentera, environ, 50 0/0 du prix de la marchandise taxée. Quel sera l'effet d'un pareil régime? En s'appuyant sur les précédents historiques, on peut admettre que le niveau moyen des prix du blé ne sera pas sensi-

___

(1) La loi du 28 février 1894 a, en effet, élevé ce droit à 7 francs par quintal.

blement modifié. — Si la récolte de 1894 n'est pas compromise dès le printemps par des gelées extraordinaires, les prix s'abaisseront ou resteront stationnaires (1). Si le chiffre de notre production moyenne n'est pas atteint, un relèvement marqué sera constaté, mais il nous semble bien peu probable qu'en cas de disette on maintienne des tarifs qui contribueraient à élever les cours au-dessus de 28 ou 30 francs le quintal. Nous verrons simplement augmenter l'écart qui existe depuis six ans entre les cours pratiqués en France et ceux que l'on constate dans les pays comme l'Angleterre, la Belgique et la Hollande, où le froment n'a pas été frappé d'un droit de douane. Cet écart est aujourd'hui égal, et il a été souvent supérieur au montant de la taxe, c'est-à-dire à 5 francs par quintal. Nous le verrons, sans doute, monter encore et atteindre 7 ou 8 francs. Mais, si les prix actuels s'abaissent progressivement à l'étranger, les cours français s'abaisseront aussi. Nous croyons, malheureusement, que le pouvoir d'achat des métaux précieux, ou, plus exacte-

(1) Les prix cotés en 1894 sont, en effet, très bas et stationnaires.

ment, que la valeur de l'or, seul métal servant actuellement de monnaie internationale, augmentera encore. Les prix subiront donc une baisse nouvelle, et le cours du blé continuera à fléchir.

Il est très curieux de constater qu'à plus d'un demi-siècle d'intervalle on assiste aux mêmes variations générales et persistantes du niveau des prix. La baisse des cours provoque les mêmes plaintes, cause les mêmes surprises, suggère les mêmes remèdes, qu'à une époque où l'on ne pouvait guère attribuer l'avilissement des prix aux arrivages de l'Australie, de l'Inde ou des États-Unis.

Dès les premières années de la Restauration, la baisse du prix du blé se prononce ; bientôt même, elle s'accentue. Aussitôt, on l'attribue aux arrivages de blés russes. La loi du 16 juillet 1819 établit, en France, le régime de l'échelle mobile. Les froments étrangers seront désormais frappés d'un droit qui s'élèvera à mesure que le prix du blé français s'abaissera sur les marchés régulateurs. L'importation est même prohibée toutes les fois que les cours s'abaisseront au-dessous de 20 francs, de 18 francs ou de 16 francs selon les régions entre lesquelles le territoire français se trouve divisé. Toutes les précautions semblent prises contre l'ennemi redouté, contre la baisse dont on s'effraye. En vérité, les blés russes n'arrivent plus, mais la baisse se produit encore. Il y a mieux : elle s'aggrave d'année en année. Les cours pratiqués de 1820 à 1830, par hectolitre de froment, indiquent une baisse rapide et persistante, et cependant les importations sont insignifiantes. En voici la preuve.

Années.	Prix.	Importations.
—	fr. c.	mill. d'hectol.
1810-19	24 72	»
1820	19 13	495
1821	17 79	442
1822	15 59	0
1823	17 52	0
1824	16 22	0
1825	15 74	0
1826	15 85	0
1827	18 21	44
1828	22 03	850
1829	22 59	1.207

Ainsi, en 1822, le prix du blé tombe à 15 fr., et cependant il n'entre pas en France *un millier* d'hectolitres de blé étranger. Pendant cinq années, de 1822 à 1827, les importations sont nulles, et jamais les cours n'étaient tombés aussi bas. Les entrées s'élèvent brusquement en 1828, et surtout en 1829. Sans doute, les prix vont s'abaisser encore. Il n'en est rien; on les voit remonter, au contraire, à 22 fr. En est-il autrement après 1830? Voit-on les prix se relever et les importations décroître en même temps? Nullement. Le tableau suivant renseignera le lecteur :

Années.	Prix.	Importations.
	fr. c.	mill. d'hectol.
1820-29	18 22	303
1830.	22 39	1.452
1831.	22 10	787
1832.	21 85	3.158
1833.	16 62	3
1834.	15 25	0
1835.	15 25	0
1836.	17 32	165
1837.	18 53	213
1838.	19 51	74
1839.	22 14	864
1830-39	19 08	671

Sans doute, depuis 1830, jusqu'à 1833, les cours sont plus élevés; mais les importations *augmentent* en même temps. — A quel instant tombent-elles au-dessous d'un millier d'hecto-litres? C'est précisément au moment où les cours s'affaissent brusquement, et descendent jusqu'à 15 francs l'hectolitre.

Cette marche des prix présente de frappantes analogies avec celle que nous constatons de nos jours. A cette époque, comme aujourd'hui, la dépression des cours était très générale.

En Angleterre, par exemple, malgré l'existence des « lois céréales », destinées à relever le prix des grains, on voyait le cours du froment s'abaisser rapidement. Voici les variations de l'hectolitre à partir de 1800 :

	Fr. c.
1800-1810	36 41
1810-1820	39 27
1820-1830	25 70
1830-1840	24 44

Depuis la période, 1810-20, jusqu'à la décade 1830-40, la baisse s'élève à 37 0/0.

En Prusse, le même phénomène pouvait être constaté. Le tableau suivant se rapporte au prix du quintal de froment :

	Fr.	c.
1816-1820	34	68
1820-1830	21	56
1830-1840	18	90

Cette dépréciation si générale et si sensible de la principale céréale s'étendait à l'avoine, à l'orge, au bétail. La conséquence naturelle et inévitable de ce phénomène avait été celle que nous constatons autour de nous, c'est-à-dire la baisse des fermages et l'avilissement du prix des terres.

Autrefois, comme aujourd'hui, c'est probablement à l'accroissement du pouvoir d'achat des métaux précieux que l'on doit attribuer les variations de prix dont nous parlons plus haut. Dans son livre sur la *Question de l'or*, M. Levasseur signale, en effet, à partir de 1820, une diminution considérable de la production des mines du nouveau monde. Il est hors de doute que, de nos jours, la dépréciation extraordinaire de l'argent et sa démonétisation ont produit une révolution monétaire très grave. Nous croyons, pour notre part, que, la seule monnaie internationale étant l'or, la puissance d'acquisition de ce dernier a pu s'accroître, bien que les quantités extraites annuellement des mines n'aient pas diminué. Les instruments ordinaires du crédit : les lettres de change, les chèques et les virements de compte ne sauraient suppléer à l'insuffisance du métal jaune. Ils évitent simplement des transports onéreux et inutiles.

Si douloureuse que puisse être la crise que traverse, en ce moment, l'agriculture, il est pourtant certain que celle-ci ne se trouve pas plus sérieusement éprouvée que la plupart de nos industries. Le prix des denrées agricoles diminue il est vrai : voilà le fait indéniable qui caractérise la période que nous traversons, et d'autres périodes qu'on pourrait rappeler. Cette baisse générale n'affecte pas au même degré le prix de toutes les marchandises et de tous les services. Les salaires ne subissent pas la même réduction que les cours des produits agricoles. Les prix de détail ne suivent pas non plus la même marche que les prix de gros. L'équilibre, qui subsisterait si les prix avaient tous uniformément subi la même diminution, est donc aujourd'hui rompu.

— Cet état de choses entraîne des souffrances et

provoque des plaintes légitimes. Il n'est pas permis d'oublier, cependant, que notre sol n'est pas moins fécond qu'il y a dix ans. Cette fécondité s'accroît même sous l'influence des progrès incontestables des procédés de culture. L'esprit d'association tend aussi à se développer, et servira précisément à réduire les écarts excessifs existant, parfois, entre les prix de détail et ceux du commerce de gros. Le producteur, qui est toujours, en même temps un consommateur, doit retrouver dans la diminution de ses dépenses une compensation des réductions qu'ont subies ses recettes.

Les réflexions que nous avons faites à propos du blé s'appliquent, en réalité, aux autres céréales et au bétail.

Dans le midi de la France, des événements particuliers et, à notre avis, extraordinaires, ont provoqué une grande émotion.

La récolte des vins a été considérable en 1893 ; et l'on remarque que l'excédent constaté pendant l'année qui vient de finir a été surtout obtenu dans les départements du Centre, de l'Ouest et de l'Est. Cet excédent est d'environ 20 millions d'hectolitres par rapport aux récoltes précédentes. En même temps, la récolte de cidre, sous l'influence de circonstances atmosphériques exceptionnelles, a dépassé 30 millions d'hectolitres, tandis qu'elle atteignait 15 millions d'hectolitres en 1892, et 12 millions seulement, durant la période décennale 1883-92. Il est résulté de tous ces faits une baisse notable du prix des vins dans l'Hérault, le Gard, l'Aude, les Pyrénées-Orientales, etc., etc, c'est-à-dire dans la région où l'on produit des quantités considérables. Beaucoup de propriétaires ne trouvent même pas à vendre leurs récoltes, et l'on comprend sans peine leur déception. Les plaintes ont été d'autant plus vives, et les craintes d'autant plus grandes que l'abondance de la récolte avait fait concevoir plus d'espérances. Notre admiration pour les belles régions du Midi est trop vive, et notre sympathie pour les viticulteurs, si vaillants dans leur longue lutte contre le phylloxéra, est trop sincère, pour que nous ne nous soyons pas inquiété de cette situation douloureuse. Il nous semble que l'on a exagéré, non pas le mal présent, mais le péril futur, et que l'on s'est trompé en particulier, sur les causes de la crise actuelle. C'est, en effet, à la fabrication des vins de raisins secs que l'on attribue, volontiers, dans le Midi, la « mévente » des vins. Or, les renseignements que nous avons recueillis, dans le seul désir de connaître la vérité, ne nous permettent pas de partager cette opinion trop exclusive. Examinons, par exemple, ce qui s'est passé dans le département de la Seine et à Paris.

Voici les variations du nombre des fabricants de vins de raisins secs depuis 1888 :

	Paris.	Département de la Seine.
1888	8	46
1889	11	35
1890	6	24
1891	3	18
1892	0	9
1893 (10 premiers mois). . .	0	9

La décroissance du nombre des fabricants est déjà intéressante à constater. Il est visible que les lois de 1889 et 1890 sur la fabrication des vins de raisins secs ont découragé beaucoup d'industriels.

Voici, maintenant, les variations des quantités fabriquées à Paris ou dans la Seine :

	Paris.	Département de la Seine.	Total.
	hectol.	hectol.	hectol.
1888	5.595	878.188	883.783
1889	3.907	717.240	721.147
1890	1.848	893.133	894.981
1891	2.278	399.217	401.495
1892	0	136.858	136.858
1893 (10 premiers mois).	0	139.612	139.612

Il est donc hors de doute que la fabrication des vins de raisins secs n'a plus, aujourd'hui, qu'une faible importance. A Paris, elle est arrêtée; dans le département de la Seine, elle est tombée de 878.000 hectolitres, en 1888, à 139.000, en 1893. On peut admettre, sauf vérification, que, dans la France entière, la diminution constatée plus haut, s'est également produite.

En présence de pareils faits, il nous paraît impossible d'admettre que la « mévente » des vins du Midi, en 1893, soit due aux fabrications dont on se plaint avec tant d'amertume.

Examinons, d'un autre côté, les importations de vins *étrangers*, et de raisins secs.

Voici les chiffres officiels relatifs aux onze premiers mois de 1893, 1892 et 1891 :

	1893	1892	1891
	hectol.	hectol.	hectol.
Vins étrangers.	3.509.843	5.556.940	8.859.657
Vins d'Algérie et Tunisie.	1.692.979	2.594.500	1.626.917
Total.	5.202.822	8.151.440	10.486.574
	quintaux.	quintaux.	quintaux.
Raisins secs.	348.255	555.774	613.021

On observe, à la fois, une diminution des importations de vins *étrangers* et des entrées de raisins secs. La concurrence étrangère n'a donc pas, sur les prix, toute l'influence qu'on lui prête. La véritable cause de la baisse du prix des vins et de la difficulté de leur vente dans les régions à grosse production nous paraît donc être l'excédent si notable de la production en 1893.

C'est là un fait exceptionnel ; il nous paraît probable que d'ici quelques mois l'écoulement de la récolte deviendra plus facile, et qu'à la fin de cette année les prix auront atteint le niveau des précédentes années. On ne saurait prendre des mesures législatives dont les effets fussent assez prompts pour dispenser de cette attente si pénible. A moins d'acheter au nom de l'Etat toute la récolte des vignobles méridionaux, on ne peut rien faire actuellement pour remédier à une situation fâcheuse que des circonstances exceptionnelles doivent seules expliquer.

(1) En 1895, le relèvement des prix s'est en effet produit, et les plaintes ont été bien moins vives, *parce que* la récolte de 1894 n'était pas aussi considérable que celle de 1893.

BIBLIOGRAPHIE

Se reporter pour l'étude de la fabrication et du commerce des vins, cidres, etc., aux documents officiels.

Bulletin de statistique du ministère des finances. **Documents sur le commerce de la France publiés** par l'administration des douanes.

IV

Le Parlement vient de voter, après une discussion qui a été parfois très brillante et très instructive, une augmentation des droits de douane frappant les blés étrangers à leur entrée en France. Le tarif avait été fixé, en 1887, à 5 francs par quintal ; il sera désormais de 7 francs (1). A l'heure actuelle, le droit protecteur représente environ 50 0/0 de la valeur du produit étranger.

Cette subvention particulière, accordée à ceux des agriculteurs, entrepreneurs de culture, qui produisent plus de froment qu'ils n'en consom-

(1) Loi du 28 février 1894.

ment, est assurément considérable. Nous disons subvention, et il nous semble, en effet, que cette expression correspond mieux à la réalité des faits. De l'aveu de tous, il est reconnu que le droit de 5 francs avait produit « son plein effet ». Cela veut dire qu'il avait déterminé sur nos marchés intérieurs une hausse égale au montant des droits. Cette conséquence a longtemps été mise en doute. Les partisans du système protecteur paraissent l'accepter aujourd'hui; ils tiennent pour certain qu'il existe bien un écart de 5 francs entre les prix français et les cours pratiqués sur les marchés libres comme ceux de l'Angleterre, de la Belgique ou de la Hollande. Bref, ceux qui achètent un quintal de blé à raison de 20 francs dans notre pays pourraient le payer seulement 15 francs s'il n'existait pas de droits. Ces faits étant connus et constatés sans discussion, il est assez facile de calculer le montant de la subvention annuelle accordée sous une forme indirecte et spéciale aux producteurs de blé.

Notons, tout d'abord, que ces derniers ne vendent pas leurs récoltes tout entières. Ils en consomment une partie, ou ils l'utilisent pour obtenir une récolte nouvelle. Nos fermiers, nos métayers ou nos propriétaires cultivateurs, mangent, en effet, du pain blanc, pour la plupart, tout au moins ; ils nourrissent leurs domestiques, et ils sont, en outre, obligés, soit de mettre en réserve, soit d'acheter les semences indispensables pour « emblaver », c'est le terme usité, nos 7 millions d'hectares consacrés au froment.

Les semences à elles seules représentent, environ, 14 millions d'hectolitres.

Il est moins aisé d'évaluer la consommation personnelle des entrepreneurs de culture, de leurs familles, et des domestiques qu'ils nourrissent. Tous ne consomment pas de froment, cette céréale noble. Pour quelques-uns, le maïs, le blé noir ou sarrasin et le seigle représentent la nourriture habituelle. Essayons, cependant, d'apprécier la consommation de froment faite par cette fraction de la population agricole.

On compte en France :

Propriétaires cultivant exclusivement leurs biens.	2.150.000
Fermiers	968.000
Métayers	341.000
Domestiques de ferme.	1.954.000
Total.	5.413.000

Ce sont là des « travailleurs agricoles »,
comme l'indiquent nos statistiques, et, pour
avoir le chiffre de la famille correspondant à
leur nombre, il faut multiplier celui-ci par 1.65,
ce qui donne 8,931,450 personnes.

Admettrons-nous donc qu'il existe, en France,
5,413,000 + 8,931,450 = 14,344,450 personnes
produisant du blé et en consommant aussi?

En aucune façon. Sous le nom d'agriculteurs,
on comprend, en effet, beaucoup de travailleurs
et de producteurs de denrées agricoles qui ne
cultivent point de céréales. Est-ce que, parmi
nos propriétaires agriculteurs, on n'en compte
point qui soient jardiniers, pépiniéristes, maraîchers, tous gens qui travaillent la terre, mais
n'ont jamais fait pousser un grain de blé? Est-ce
que, dans le midi de la France, et, en particulier
sur le littoral méditerranéen, il n'existe pas des
milliers de propriétaires qui cultivent exclusivement leurs vignobles?

Si l'on voulait avoir le nombre réel des producteurs de blé, et surtout le nombre de ceux qui
produisent plus de froment qu'ils n'en consomment, il faudrait retrancher probablement 3 ou

4 millions du chiffre de 14 millions que nous indiquions tout à l'heure. Pour ne rien exagérer ou atténuer, nous le conserverons néanmoins, et nous tiendrons compte, tout à l'heure, très largement de la population qui assure ou complète sa nourriture avec d'autres céréales que le froment.

Quelle est, maintenant, la consommation moyenne annuelle d'un Français en blé? Elle est, nous dit la statistique, de 2 hectol. 50 litres. Admettons seulement 2 hectolitres, puisque certains agriculteurs se nourissent de blé noir, de maïs, etc.

Pour 14 millions de personnes, la consommation s'élève à 28 millions d'hectolitres au minimum.

En ajoutant ce nombre à celui qui correspond aux semences employées, soit 14 millions d'hectolitres, on trouve un total de 42 millions.

Or, notre production moyenne en froment s'étant élevée chaque année, de 1882 à 1892, au chiffre de 109 millions d'hectolitres, si l'on en déduit 42 millions d'hectolitres absorbés par les semences et la nourriture des entrepreneurs de culture, de leurs familles ou de leurs domestiques agricoles, il reste seulement 67 millions d'hecto-litres.

Tel est l'excédent disponible que les producteurs de blé peuvent vendre, et pour lequel la protection dont ils jouissent se traduit par une élévation du prix de vente égale à 5 francs le quintal ou à 3 fr. 75 l'hectolitre.

La subvention annuelle accordée aux producteurs de froment dans notre pays représentait donc, durant ces dernières années, et hier encore, 3.75×67 millions $= 251$ millions de francs, en chiffres ronds.

Si le droit de 7 francs qui vient d'être voté produit son plein effet, ce qui est évidemment dans les intentions des partisans du relèvement actuel de notre tarif douanier, la subvention s'élèvera à 5 fr. 25 par hectolitre, et à 351 millions pour les producteurs qui en recueillent le profit. Pour 7 millions d'hectares en froment, cette somme représente une prime de 50 francs par hectare.

On peut dire, il est vrai, que nos recettes de

douanes s'élèvent à mesure que les droits augmentent. Nous en convenons très volontiers; mais il faut avouer que l'existence d'un impôt indirect de cette nature est difficilement conciliable avec l'intention déjà manifestée par le législateur de réduire précisément les taxes qui grèvent plus lourdement la consommation des denrées alimentaires de première nécessité.

Nous ne discutons pas, d'ailleurs, en ce moment une question de doctrine. Ce sont des faits qu'il convient seulement de constater et que nous indiquons avec le sincère désir de ne rien exagérer ou atténuer.

Il est intéressant de se demander quel est le sacrifice imposé au public, en général, par cette élévation du prix du froment, et quelles personnes en supportent le poids.

On pourrait, à ce propos, nous arrêter au premier mot et dire que le calcul est déjà fait en ce qui concerne le montant du sacrifice imposé. Nous venons, semble-t-il, de le calculer approximativement. C'est pourtant là une erreur. Notre production intérieure est, en effet, insuffisante,

et nous devons importer, chaque année, environ
10 millions de quintaux de blé correspondant
à 13 millions d'hectolitres. Nous payons ce froment à un prix qui était majoré de 3 fr. 75 et qui
le sera, sans doute, de 5 fr. 25.

Le sacrifice consenti par ceux qui consomment
du blé sans en produire s'élevait donc, en
réalité, il y a quelques jours, à 300 millions
de francs, et atteindra bientôt le chiffre de 420
millions.

Quelles personnes supportent, en définitive, le
poids de cette contribution spéciale?

Pendant longtemps on a soutenu que le producteur étranger serait seul contraint de l'acquitter. Le droit de douane, affirmait-on, sera
supporté par le vendeur; ce sont les Américains,
les Canadiens, les Russes, les Indiens, les Austra-
liens qui acquitteront le droit de douane, subiront une diminution de profits, et payeront ainsi
une partie des impôts qui nous écrasent. Cette
opinion est aujourd'hui définitivement aban-
donnée par ceux-là mêmes qui la défendaient
avec le plus de courage. L'idée de faire supporter
aux étrangers une partie de nos contributions

publiques était fort séduisante malgré son étrangeté, et elle avait quelque succès auprès du public, mais il a fallu reconnaître, en fin de compte, que les importateurs n'avaient pas la générosité d'acquitter nos impôts à notre place. Le droit de 5 francs a déterminé simplement une hausse de 5 francs par quintal de froment sur nos marchés protégés, et l'on conçoit sans peine qu'il soit devenu indifférent aux étrangers de vendre leur blé 20 francs au Havre en acquittant 5 francs de droits, ou de le céder aux Anglais à 15 francs, mais sans payer de droit d'entrée.

Il est donc parfaitement établi à cette heure, qu'en général ce sont les acheteurs français et les consommateurs français qui supportent seuls le poids de la subvention accordée aux producteurs de blé dans notre pays.

Quelques personnes font, à cet égard, un raisonnement très curieux. — La baisse générale du prix des produits agricoles dans le monde entier a déterminé un affaissement des cours qui n'ont pas atteint à cette heure le niveau auquel ils étaient parvenus dix ou vingt ans auparavant. En examinant, par exemple, les prix

moyens du froment par hectolitre depuis 1852,
nous trouvons :

Périodes décennales.	Prix de l'hectolitre de froment.
	fr. c.
1852-1861	22 10
1862-1871	21 40
1872-1881	23 »
1882-1891	18 72
1892	17 80
1893	15 70

Il est donc évident qu'aujourd'hui, malgré les
efforts faits pour relever le prix du blé, on a vu
les cours fléchir. Qu'en faut-il conclure, si ce
n'est que les droits de douane n'ont pas fait
hausser les prix, et par conséquent n'ont imposé
aucun sacrifice au consommateur? Le raisonnement serait juste si, en effet, le consommateur
ne pouvait se procurer encore à plus bas prix ce
qu'il désire acheter. Or, nous savons précisément qu'à Londres ou à Bruxelles on peut se
procurer pour 12 francs ce que nous payons ici
15 fr. 75. Le blé ne vaut pas plus cher qu'autrefois, cela est vrai; mais nous pourrions l'acheter
à meilleur marché encore, et par conséquent le

relèvement de nos tarifs, qui serait d'ailleurs inutile s'il était sans effets, correspond à un sacrifice imposé au consommateur national.

Quand on étudie cette question de l'incidence ou de la répercussion des droits protecteurs établis par les blés, on arrive, en outre, à constater qu'une partie de la population agricole elle-même n'est pas intéressée à leur élévation.

Cette population agricole est constituée par des groupes qui n'ont ni les mêmes occupations ni les mêmes intérêts immédiats.

Ainsi, nous parlions, tout à l'heure, des maraîchers, jardiniers, horticulteurs, pépiniéristes, etc., etc. Ces cultivateurs composent un groupe qui n'est pas le moins du monde intéressé à la hausse du prix du blé. Ces agriculteurs sont même intéressés à payer au plus bas prix possible le pain blanc qu'ils achètent toujours.

Il ne faut pas croire que dans notre pays ce soit là une fraction négligeable de la population rurale adonnée à la culture. On compte en France près d'un million de personnes dénombrées par la statistique, et rattachées par elle au groupe dont nous parlons.

Voici encore les forestiers, bûcherons, charbonniers qui cultivent peut-être leur jardin, mais n'y font point pousser du blé pour le vendre, et vivent de la forêt. Il s'agit encore de 500,000 personnes.

En Bourgogne, en Provence, dans le Languedoc, il existe des milliers de vignerons, de propriétaires cultivateurs, de petits tenanciers qui ne produisent jamais de blé, ou qui ne cultivent guère qu'une surface proportionnée à la consommation de leurs familles et de leurs domestiques. Le meunier voisin moud du froment que l'on va chercher quand il est mué en farine. C'est la ménagère qui fait le pain, ou le boulanger qui « cuit » pour elle moyennant une somme fixe.

Sur 2,150,000 propriétaires cultivateurs, combien en trouve-t-on qui sèment en froment, sur leur domaine de 4, 5 ou 6 hectares, *plus* d'un hectare de blé. Nous ne pouvons que hasarder des conjectures; mais le nombre en est, sans doute, bien faible. Dans la récente discussion qui a eu lieu à la Chambre, on a montré que le nombre des pièces de blé ayant moins de 10 hectares de superficie moyenne ne correspondait qu'à une surface totale de 1,500,000 hectares, et à une production de 18 millions de quintaux. Or, pour pouvoir consacrer 10 hectares au froment il faut qu'un cultivateur ait au moins 40 hectares en terres labourables. Les petites propriétés ou les petites exploitations d'une surface *totale* de 10 hectares sont très nombreuses dans notre pays ; on en compte en France 2,600,000 ! Chacune d'elles ne doit contenir que 1 ou 2 hectares ensemencés en blé, et le produit varie ainsi de 15 à 30 hectolitres fort probablement.

Si l'on déduit de ce chiffre la consommation d'une famille de quatre à cinq personnes et d'un domestique, la quantité portée au marché reste insignifiante ; elle est même nulle si la surface cultivée ne dépasse pas un hectare.

Admettons que la moitié des propriétaires cultivateurs soient intéressés à la hausse du blé, il en restera au moins 1 million représentant avec leurs familles 2,650,000 personnes que les droits de douane n'intéressent guère. Ce groupe, réuni à celui des jardiniers, horticulteurs, bûcherons, forestiers, etc., correspond déjà à un total de près de 4 millions d'individus, au sein de la population agricole elle-même

Il reste à tenir compte de deux groupes fort importants : des domestiques de ferme, et des journaliers agricoles. C'est d'une façon tout à fait indirecte qu'on les suppose intéressés aux cours élevés des céréales. La ruine des entrepreneurs de culture, c'est-à-dire des fermiers, des métayers, ou des propriétaires cultivateurs, aura dit-on, pour effet, de diminuer la demande de travail, de réduire les salaires, ou même de priver de ressources la population qui travaille pour autrui.

C'est là une affirmation qu'on ne saurait accepter sans discussion.

Certes, l'abaissement du prix du blé a pour effet de diminuer les profits du cultivateur; mais la culture du froment ne représente pas la seule opération à laquelle se livre un fermier ou un propriétaire. Sur un produit brut total qui représente 11 ou 12 milliards de francs correspondant à la valeur des denrées effectivement vendues par l'agriculture, celle-ci ne retire guère du froment qu'une somme inférieure à 2 milliards. Une baisse des cours du blé diminue sans doute cette part du produit brut total, sans la faire cependant disparaître. Il n'est donc pas permis de supposer que la baisse du froment puisse provoquer la ruine de ceux qui le cultivent.

Pour faire admettre cette conséquence, il faudrait prouver, au préalable, que la culture du blé donnait seule, autrefois, des profits, et qu'avec ces derniers disparaîtront les gains que l'exploitation du sol peut donner dans son ensemble.

Il n'est pas moins inexact de soutenir que la baisse des salaires doit être la conséquence prochaine et inévitable de la diminution des profits réalisés en agriculture. Si l'on a pu citer des exemples de réduction, ou signaler sur certains points de notre territoire des salaires très bas, ce ne sont là que des cas isolés, ou des observations que l'on aurait pu faire à d'autres époques.

D'un bout à l'autre de la France, les salaires ou les gages ne sont pas également élevés. Il existe à ce point de vue, entre les régions agricoles, des différences très sensibles qui pouvaient être signalées il y a vingt ans comme il y a un siècle.

En réalité, quand on étudie les variations des salaires nominaux en même temps que celles qui se rapportent aux prix des denrées agricoles ou des terres, on constate que ces variations ne sont ni semblables ni simultanées.

Pendant les périodes de hausse, les salaires s'élèvent lentement, et, durant les périodes de baisse, ils s'abaissent plus lentement encore. L'ardeur des discussions actuelles et la passion qu'excitent les intérêts en jeu ne sauraient faire oublier aux esprits impartiaux ces faits que l'on peut constater et étudier en France durant plusieurs siècles.

La baisse du prix des produits agricoles n'a donc pas amené, en France ou en Angleterre, un abaissement correspondant des salaires, et la population ouvrière des campagnes n'est pas intéressée aussi directement que la logique pourrait le faire croire à un relèvement du prix du blé.

Or, il existe en France 1,480,000 journaliers agricoles et 1,954,000 domestiques, constituant

avec leurs familles un groupe de 9 millions de
personnes dont les intérêts ne sont pas directement et immédiatement atteints par une baisse
du froment.

En joignant ce nouveau groupe à celui que
nous avons déjà indiqué, on arrive à un total de
11 ou 12 millions de personnes qui ne sont pas
aussi sérieusement intéressées à un relèvement
des droits sur le blé qu'on le croit dans le public.
La population agricole tout entière étant évaluée
à 18 millions en chiffres ronds, on voit que plus
de la moitié des habitants de nos campagnes reste
en dehors des débats qui ont soulevé tant d'émotion et provoqué tant de polémiques violentes.

BIBLIOGRAPHIE

On pourra consulter sur la question traitée **dans** ce chapitre :

Etudes d'Economie rurale par D. Zolla. 1 vol. in-8°. Paris, Masson, éditeur, 1895.

Et en outre, les documents officiels suivants :

Statistique agricole de la France. 1 vol. Berger-Levrault, 1887. — Voir, notamment, dans l'Introduction rédigée par M. Tisserand, Directeur de l'Agriculture, les indications relatives à la culture du froment, à sa consommation, et à la constitution de la population agricole.

$$V$$

On a beaucoup parlé, il y a quelques semaines, de l'influence qu'exerce la spéculation sur le prix du froment. S'il faut en croire les ennemis irréconciliables des accapareurs « fin de siècle », ces derniers organisent la campagne à la baisse, tandis que leurs aïeux cherchaient, au contraire, à provoquer la hausse. On les soupçonne, en outre, d'avoir conçu et réalisé un projet machiavélique qui ne tendrait à rien moins qu'à faire la baisse et la hausse alternativement pour dépouiller tour à tour l'agriculteur et le consommateur. Rien n'est plus simple, paraît-il. Il suffit de déterminer un affaissement des cours dans les premiers mois qui suivent la moisson. Les agriculteurs forcés de vendre au plus tôt pour payer leurs fermages ou leurs ouvriers, vendent alors leur blé à des prix très bas.

Dès que les agriculteurs ont cédé leur récolte, les spéculateurs décrètent la hausse, et ils revendent cher ce qu'ils ont acheté bon marché. Le tour est joué.

Il nous a paru intéressant de contrôler l'exactitude des faits qui nous étaient ainsi révélés, et cet examen ne nous a pas le moins du monde conduit aux conclusions indiquées plus haut. On n'observe pas des alternatives de baisse et de hausse permettant aux spéculateurs d'acheter dans de bonnes conditions au cultivateur besoigneux, et de revendre, ensuite, avec profit, au consommateur insouciant.

Qu'on en juge plutôt. Voici, pour sept années, les cours du blé en France, durant les trois mois qui suivent la moisson et pendant le trimestre qui vient ensuite :

	1886		1887
	fr. c.		fr. c.
Octobre.	21 35	Janvier.	21 68
Novembre. . . .	21 34	Février.	21 97
Décembre. . . .	21 38	Mars	22 47
	21 35		22 04

	1887		1888
	fr. c.		fr. c.
Octobre.	22 22	Janvier.	22 69
Novembre. . . .	22 07	Février.	23 23
Décembre. . . .	22 38	Mars	23 56
	22 21		23 16

	1888		1889
	fr. c.		fr. c.
Octobre.	21 85	Janvier.	24 32
Novembre. . . .	25 05	Février.	24 49
Décembre. . . .	24 41	Mars	24 52
	24 77		24 44

	1889		1890
	fr. c.		fr. c.
Octobre.	22 77	Janvier.	23 06
Novembre. . . .	23 63	Février.	23 49
Décembre. . . .	22 76	Mars	23 67
	23 05		23 40

	1890			1891	
	fr.	c.		fr.	c.
Octobre.	24	14	Janvier.	24	33
Novembre.	24	02	Février.	24	83
Décembre.	24	18	Mars.	25	47
	24	11		25	47

	1891			1892	
	fr.	c.		fr.	c.
Octobre.	25	91	Janvier.	25	51
Novembre.	25	80	Février.	25	66
Décembre.	25	68	Mars.	25	25
	25	79		25	47

	1892			1893	
	fr.	c.		fr.	c.
Octobre.	21	93	Janvier.	21	36
Novembre.	21	89	Février.	21	53
Décembre.	21	39	Mars.	21	43
	21	73		21	44

Pendant les années 1886 et 1887, les faits semblent nous donner tort. Les prix sont moins élevés après la moisson que durant le trimestre qui suit. Il en est autrement à l'automne de 1888 : les cours sont plus élevés que durant les mois de janvier, février et mars 1889.

5.

Enfin, depuis deux ans, en 1891 et en 1892, les prix fléchissent précisément à l'époque où les cultivateurs ont déjà pu se défaire de leurs blés.

Pendant le dernier trimestre de 1891, les cours atteignent 25 fr. 79 le quintal, tandis qu'ils s'abaissent à 25 fr. 45 durant le trimestre suivant. A l'automne de 1893, ils tombent à 21 fr. 73, mais s'abaissent encore à 21 fr. 44 au commencement de l'année 1893.

En Angleterre, où le commerce extérieur des céréales est libre, on observe des faits analogues. Les chiffres suivants se rapportent au cours du « quarter » de froment évalué en shillings et deniers.

	1886		1887
4e trimestre.	31 sh. 5 d.	1er trimestre.	33 sh. 1 d.
	1887		**1888**
4e trimestre.	30 sh. 2 d.	1er trimestre.	30 sh. 7 d.
	1888		**1889**
4e trimestre.	31 sh. 5 d.	1er trimestre.	29 sh. 11 d.
	1889		**1890**
4e trimestre.	29 sh. 11 d.	1er trimestre.	29 sh. 11 d.

	1890		1891
4ᵉ trimestre.	31 sh. 9 d.	1ᵉʳ trimestre.	32 sh. 1 d.
	1891		1892
4ᵉ trimestre.	36 sh. 9 d.	1ᵉʳ trimestre.	33 sh. 7 d.

On voit que l'augmentation des prix durant le second trimestre qui suit la moisson, n'est pas davantage une règle en Angleterre qu'en France.

Il faut avouer, en tous cas, que le plan dénoncé au public a eu bien souvent un déplorable résultat pour les spéculateurs eux-mêmes.

Le public ne nous semble pas mieux informé en ce qui concerne le développement de nos importations de froment depuis cinquante ou soixante ans, et surtout en ce qui touche les variations simultanées des cours.

Il faut noter, tout d'abord, que, depuis plus de soixante ans, nous avons toujours demandé à l'étranger un supplément nécessaire pour notre consommation. Voici les chiffres relatifs à nos excédents d'importation :

	Excédents d'importation.
	hectolitres.
1832-1841.	439.000
1842-1851.	569.000
1852-1861.	1.950.000
1862-1871.	2.946.000
1872-1881.	10.660.000
1882-1891.	15.170.000
1892	25.680.000
1893	13.285.000

Ainsi, il est bien prouvé que depuis 1832 jusqu'à nos jours la France a toujours eu recours aux importations pour compléter son approvisionnement de froment et satisfaire aux *exigences croissantes* de la consommation. Nous soulignons avec intention ces mots « exigences croissantes ». Non seulement la population s'est accrue, bien que faiblement et lentement, mais le pain blanc a remplacé le pain de seigle, le sarrasin, le maïs ou les châtaignes. La quantité de froment consommée par habitant a suivi, en effet, la marche suivante :

	hectolitres.
1831-1841.	1.64
1842-1851.	1.86

1852-1861.	2.03
1862-1871.	2.19
1872-1881.	2.50

L'augmentation très considérable et très rapide de nos importations de froment a-t-elle eu pour conséquence la réduction de nos surfaces cultivées en blé?

Voici la réponse tirée des enquêtes officielles relatives à cet objet; nous mettons en regard le chiffre des importations correspondant aux mêmes périodes :

	Excédents des importations.	Surfaces cultivées en blé.
	hectolitres.	hectares.
1832-1841	439.000	5.353.000
1842-1851	569.000	5.846.000
1852-1861	1.950.000	6.500.000
1862-1871	2.946.000	6.887.000
1872-1881	10.660.000	6.904.000
1882-1891	15.170.000	6.855.000

Le développement des importations n'a donc pas nui au développement des cultures. Seul le dernier chiffre relatif à la période de 1882-91 accuse une réduction. Celle-ci est uniquement imputable aux gelées de l'hiver 1890-91, qui ont réduit les surfaces emblavées à 5.754.000 hectares.

Dès 1892, ce chiffre s'élève à 6.986.000 et révèle un accroissement par rapport à la période décennale précédente.

Examinons, maintenant, la marche parallèle des importations de froment et du prix de l'hectolitre en France :

	Excédents des importations.	Prix de l'hectolitre.
1832-1841	439.000	18 68
1842-1851	569.000	19 33
1852-1861	1.930.000	23 11
1862-1871	2.946.000	21 67
1872-1881	10.660.000	22 65

Depuis 1832 jusqu'en 1851, le droit gradué à l'importation, baptisé du nom « d'échelle mobile », a régulièrement fonctionné ; les quantités de froment introduites en France ont été très faibles, et les prix sont restés néanmoins fort bas, puisque la moyenne des cours n'a pas atteint 20 francs l'hectolitre durant ces vingt années.

De 1852 à 1861, les importations ont plus que triplé, et les prix s'élèvent soudainement à 23 fr. 11 c., dépassant ainsi de 3 fr. 78 c. la moyenne décennale précédente.

Après 1862, sous l'influence combinée d'une série de bonnes récoltes et de la liberté du commerce extérieur, les cours s'abaissent à 21 fr. 67 l'hectolitre, et les importations s'accroissent lentement.

De 1872 à 1881, elles s'élèvent, au contraire, très rapidement et atteignent 10 millions d'hectolitres ; mais les cours subissent en même temps une hausse qui les porte à 23 fr. 65.

Il est démontré jusqu'à l'évidence, par la seule inspection du tableau précédent, que les prix se sont élevés quand les importations augmentaient, tandis qu'ils étaient restés fort bas sous le gouvernement de Juillet, c'est-à-dire à une époque où les quantités de blés étrangers introduites en France étaient vraiment insignifiantes.

On ne saurait donc prétendre que la concurrence étrangère a eu pour effet de déprimer les cours.

En réalité, la période de 1820-1850 a été une période de baisse ou de stagnation des prix, analogue à celle que l'on peut étudier au xviie ou au xviiie siècle. De 1850 à 1880, au contraire, il s'est produit une hausse rapide et générale du cours des principales denrées agricoles. Ces phénomènes de baisse ou de hausse des prix exercent sur les opinions économiques du public une influence curieuse.

La dépression si accentuée du prix des céréales et du bétail dans les premières années de la Restauration a eu pour conséquences presque immédiates le vote de la loi sur l'échelle mobile et l'établissement de droits de douane très élevés sur le bétail étranger.

Le niveau moyen des prix est resté néanmoins très bas aussi bien pour le bétail que pour le blé depuis 1820 jusqu'à 1850.

Au contraire, il s'est produit, à partir de 1853, sur tous les marchés de l'Europe, une hausse si rapide et si accentuée du prix des céréales ou des produits d'origine animale, que la suppression des barrières douanières établies précédemment a pu être effectuée sans provoquer aucune plainte sérieuse.

Depuis 1883, nous sommes entrés dans une période de baisse. Les prix du froment fléchissent bien que *les importations ne s'accroissent pas.*

	Importations de froment en grains.	Prix du quintal.
	Quintaux.	fr. c.
1878	13 millions.	29 9
1879	22 —	28 2
1880	20 —	29 9
1881	13 —	28 8
1882	13 —	27 6
1883	10 —	24 8
1884	11 —	23 1
1885	6 —	21 7
1886	7 —	22 8
1887	9 —	23 4
1888	11 —	24 7
1889	11 —	24 0
1890	11 —	24 9
1891 . . . . :	20 —	27 1
1892	19 —	23 5
1893	10 —	20 9

Il suffit de jeter les yeux sur ce tableau pour constater que les cours se sont abaissés, bien que les quantités importées de l'étranger ne se soient pas accrues d'une façon sensible.

On ne peut donc pas attribuer exclusivement à la concurrence étrangère une baisse si singulière qu'elle déconcerte le public. Beaucoup de personnes ont pu croire de la meilleure foi du monde que le relèvement des droits de douane aurait pour effet de maintenir les cours au niveau des années comprises dans une période de hausse comme celle qui s'étend de 1860 à 1880. Il n'en a rien été. Les cours se sont graduellement abaissés malgré l'élévation des droits, et ils s'abaisseront encore fort probablement en même temps que les prix des produits agricoles ou industriels qui subissent l'influence de la même cause générale.

Ces faits ne sont pas nouveaux. Il suffit pour s'en assurer, pour revivre, en quelque sorte, les années d'épreuve que nous traversons, pour entendre les mêmes plaintes, assister à l'application des remèdes, il suffit, disons-nous, d'étudier l'histoire économique de la Restauration et du règne de Louis-Philippe.

On assure, cependant, de nos jours que la dépréciation de l'argent dans les pays d'Orient peut avoir pour effet de faciliter les importations de blés étrangers et d'en amener la dépréciation sur les marchés européens.

Voici comment on explique cette double influence :

La « roupie » indienne, qui valait, *en or*, 2 fr. 25 vers 1870, ne vaut plus aujourd'hui que 1 fr. 67. La baisse de cette unité monétaire *d'argent* s'élève donc à 0 fr. 58, ou à 25 0/0 en chiffres ronds.

Si l'on suppose que, dans l'Inde, la roupie a conservé le même pouvoir d'achat à l'égard du blé, c'est-à-dire si l'on admet que le prix du blé indien, évalué en roupies, n'a pas changé, il est clair qu'avec 75 francs nous pouvons acheter une quantité de blé qu'on devait, auparavant, payer 100 francs.

En achetant le blé de l'Inde avec une baisse réelle de prix s'élevant à 25 0/0, on peut le revendre en France avec une réduction de prix équivalente sans diminuer les profits réalisés. La concurrence faite au blé français par le blé indien est donc très sérieuse, et elle résulte de la dépréciation de la roupie, qui se rattache elle-même à la dépréciation récente de l'argent par rapport à l'or.

Sans nier l'influence qu'a pu, en effet, exercer la baisse de l'argent sur la baisse de la roupie, il convient de remarquer et de signaler deux faits.

En premier lieu, il est certain que la dépréciation de la roupie n'est pas égale à celle de l'argent. La baisse de l'unité monétaire indienne ne dépasse pas 25 0/0, et celle de l'argent métal atteint 55 0/0.

En second lieu, il n'est pas démontré, croyons-nous, que le pouvoir d'achat de la roupie indienne par rapport au blé soit resté le même.

Or, si l'acheteur doit donner aujourd'hui plus de roupies qu'il n'en donnait autrefois pour acheter la même quantité de froment, il est clair que la dépréciation de l'argent n'a plus qu'une influence fort atténuée sur les cours du froment indien évalué en or. Il est très difficile malheureusement d'apprécier les variations du pouvoir d'achat de la roupie indienne, parce que l'influence des récoltes bonnes ou mauvaises et l'action aussi puissante des demandes faites par l'Europe déterminent des variations de prix, et masquent, par conséquent, le phénomène particulier qu'il s'agit d'observer.

On peut, cependant, noter une tendance très remarquable à la diminution du pouvoir d'achat de la roupie indienne à l'égard du blé. Les documents statistiques publiés par le gouvernement de l'Inde sont très précis. Voici, par exemple, les quantités de froment qu'on pouvait acheter dans la province de Bombay pour le prix d'une roupie, depuis 1881 jusqu'à 1892. Pour plus de simplicité, nous avons ramené à 100 le premier chiffre, et nous donnons, de la même façon, la valeur en or de la roupie indienne.

	Valeur en or de la roupie.	Quantité de froment achetée par une roupie.
1881	100	100
1882	98	99
1883	98	108
1884	97	109
1885	95	100
1886	87	95
1887	84	92
1888	82	95
1889	83	101
1890	90	93
1891	84	81

Il est certain que la diminution de la valeur en or de la roupie est plus rapide que la réduction des quantités de froment achetées pour une roupie. On voit, cependant, que l'écart constaté entre ces deux réductions simultanées reste assez faible. En 1891, notamment, cet écart tombe à 3 0/0 ! Il y a loin de ce chiffre à cette prime de 40 0/0 dont on parle volontiers en faisant allusion au bénéfice qu'assure à l'exportateur de blé indien la baisse de la roupie.

D'ailleurs, les exportations totales de froment indien n'ont pas pris le développement qui pourrait correspondre à ces bénéfices extraordinaires.

En voici la preuve :

EXPORTATIONS DE FROMENT INDIEN EN GRAIN

Milliers de quintaux.

1881-1882	9.931
1882-1883	7.072
1883-1884	10.478
1884-1885	7.915
1885-1886	10.530
1886-1887	11.131
1887-1888	6.769
1888-1889	8.803
1889-1890	6.899
1890-1891	7.160
1891-1892	15.151

Il est visible que les exportations sont restées stationnaires. Les grandes demandes, faites par l'Europe à la suite du déficit de la récolte de 1891, ont seules provoqué une augmentation considérable pendant la dernière année que nous indiquons plus haut.

En résumé, le blé indien ne nous paraît pas aussi menaçant pour l'agriculture européenne qu'on semble l'admettre aujourd'hui. La France ne reçoit pas, d'ailleurs, de grandes quantités de ces blés.

Nous reviendrons quelque jour sur ce point en étudiant nos importations de froment au point de vue de leur origine.

BIBLIOGRAPHIE

On pourra consulter :

Etudes d'Economie rurale par D. Zolla. 1 vol. in-8°.
Paris, Masson, 1895.
Voir notamment le chapitre : La *question du blé*.

Stastistique agricole de 1882 publiée par le ministère de l'Agriculture. 1 vol. Berger-Levrault, 1887.

Bulletin du ministère de l'agriculture. Tableaux des récoltes de froment et des cours.

Documents sur le Commerce de la France, publiés par l'Administration des douanes.

L'Agriculture aux Etats-Unis par E. Levasseur, de l'Institut.

Review of the trade of India, par M. O. Conor. — 1892.

Voir aussi l'intéressant article publié par M. C. Juglar, de l'Institut. — *Économiste français*, n° du 14 avril 1894.

VI

La question de l'indemnité due par le propriétaire au fermier sortant pour amélioration du fonds loué. — Intérêt
de cette question, son caractère et sa portée. — Inconvénients des baux à courte durée. — Raisons qui expliquent la faible durée des baux en France. — Les améliorations foncières et culturales. — L'indemnité pour cause
de plus-value. — Objections contre le principe de l'indemnité. — La proposition de loi de M. E. Dubois.

Une proposition de loi toute récente de M. E.
Dubois, député du Nord, nous amène à parler,
aujourd'hui, d'une question toujours agitée et
jamais résolue, celle de l'indemnité due par le
propriétaire au fermier qui aurait amélioré un
domaine rural.

Cherchons, tout d'abord, à montrer l'intérêt
de cette question, et à signaler les défauts de
notre législation, au point de vue des rapports
juridiques existant entre le propriétaire et le fermier qui a réalisé des améliorations.

Les expressions dont nous nous servons indiquent immédiatement les limites, le caractère et la portée du débat. Il s'agit des rapports existant entre un propriétaire et un *fermier*.

Or, toutes les terres de France ne sont pas soumises à ce mode d'exploitation que l'on appelle *fermage*, c'est-à-dire location consentie moyennant la redevance ou prestation *fixe* d'une somme d'argent ou d'une certaine quantité de produits.

Dans notre pays, on peut admettre que la superficie cultivable est ainsi distribuée d'après les modes d'exploitation :

SUPERFICIE PROPORTIONNELLE DES MODES D'EXPLOITATION

	%
Cultures faites par propriétaires.	59,77
— fermiers.	27,24
— métayers	12,99
	100,00

On voit donc que le *fermage* n'est guère appliqué qu'au *quart* des terres cultivées soumises à un assolement régulier.

Cette observation montre tout de suite les limites de la question relative à l'indemnité due aux fermiers pour améliorations des fonds loués.

Quand il s'agit de culture directe, faite par les propriétaires sur leurs propres domaines, il ne saurait être question d'indemnité à un locataire.

Enfin, le métayage étant un véritable contrat de société formé entre le propriétaire et le cultivateur avec partage des récoltes ou produits, on ne peut guère songer à prévoir ou à stipuler une indemnité en faveur d'un seul associé.

Pourquoi cette question d'indemnité est-elle posée, au contraire, lorsqu'il s'agit d'un fermier ?

Mon très distingué collègue M. Piret, ancien professeur d'économie rurale à l'École d'agriculture de Gembloux, en Belgique, montre très bien dans le passage suivant (1) à quel traitement sont soumises les terres cultivées par un *fermier.* « Les praticiens, dit-il, savent parfaitement que dans le mode d'exploitation des terres par fermage, tel qu'il est pratiqué dans la plupart des pays, il faut distinguer deux périodes bien caractérisées : une période d'amélioration et une période d'épuisement ou de détérioration.

---

(1) *Traité d'économie rurale*, par J. Piret. 3 vol. in-8. Masson, Paris. Voir tome II, p. 20.

« Pendant la première, qui se présente au commencement du bail, le cultivateur ameublit, nettoie et fertilise les terres, négligées sous tous les rapports, que lui a abandonnées son prédécesseur.

« Cette période dure au moins trois ans dans le cas de l'assolement triennal, parce que c'est seulement après trois années écoulées que toutes les parcelles de la ferme auront passé par la sole jachère morte ou cultivée, et qu'elles auront pu être ameublies, nettoyées, fertilisées, en un mot remises en bon état de production. Pendant cette période, les produits ne remboursent généralement pas les avances des cultivateurs avec un excédent convenable pour bénéfice. Ce n'est que pendant la dernière période de son bail, quand le cultivateur prend le plus possible à la terre et lui rend le moins possible, qu'il rentre dans les avances extraordinaires qu'il a dû faire au commencement de son bail.

« Entre ces deux périodes de culture absolument opposées : la première, pendant laquelle le cultivateur améliore la terre, et la dernière, pendant laquelle il la ruine, il y a, ordinairement,

une période intermédiaire de culture stationnaire, pendant laquelle le cultivateur se borne à
jouir des avances faites, tout en maintenant le
bon état du sol. »

Il résulte de ces pratiques regrettables que la
terre ne produit pas ce qu'elle pourrait produire.
Le fermier surtout, estime, en général, qu'il vaut
mieux tenir qu'espérer, et il demande au sol tout
ce que celui-ci peut lui donner, sans s'inquiéter
de son successeur, et sans se préoccuper des
intérêts du propriétaire.

N'a-t-il pas reçu, d'ailleurs, des terres en
mauvais état? Pourquoi ferait-il pour autrui ce
que l'on n'a pas fait pour lui? C'est là un cercle
vicieux. Mais, dira-t-on, le propriétaire ne peut-il
pas s'appuyer sur l'article 1766 du Code civil
qui est ainsi conçu : « Si le preneur d'un héritage rural abandonne la culture, s'il ne cultive
pas en bon père de famille, s'il emploie la chose
louée à un autre usage que celui auquel elle est
destinée, s'il n'exécute pas les clauses du bail,
et qu'il en résulte un dommage pour le bailleur,
celui-ci peut, suivant les circonstances, faire
résilier le bail. En cas de résiliation provenant

du fait du preneur, celui-ci est tenu à des dommages et intérêts... »

L'application de cette disposition du Code est, en réalité, fort difficile. Si l'abandon complet de la culture est facile à constater, on ne peut en dire autant d'une négligence calculée et des effets d'une méthode d'exploitation qui demande à la terre des récoltes sans lui rendre les éléments de fertilité qu'elle a cédés aux produits sortis du domaine.

Comment apprécier la fertilité du sol au début et à la fin du bail?

Le véritable remède à une situation si fâcheuse consiste dans l'adoption générale des baux de *longue durée*. Sûr d'avoir pendant quinze ou vingt ans la jouissance d'un domaine, le fermier n'est plus tenté d'épuiser le sol en grande hâte ; la période « intermédiaire », durant laquelle « le tenancier se borne à profiter des avances faites, tout en maintenant le bon état du sol » est ainsi prolongée pour le bien de tous. Les intérêts du propriétaire et du locataire se trouvent alors conciliés. Cela est vrai.

Quand on étudie les faits, on est pourtant

forcé de constater que les baux de longue durée
sont fort rares. Voici, à ce propos, les renseignements recueillis en 1882. Pour 749.559 locations
de terres relevées au moment de l'enquête agricole décennale, nous trouvons :

```
                                          %
Baux de 1 à 3 ans. . . . . . .   22,58
  —    de 3 à 6 ans. . . . . .   21,81
  —    de 6 à 9 ans. . . . . .   46,38
  —    de plus de 9 ans . . . .    9,23
                                 ———————
                                 100,00
```

Ainsi, les baux de longue durée, ceux qui dépassent neuf ans, ne représentent pas le dixième
des locations habituellement consenties par les
propriétaires !

Comment expliquer cette préférence si générale pour les baux de courte durée ? On l'explique
simplement par le désir très naturel et très
humain de ne pas engager l'avenir, et de ne pas
négliger une occasion favorable de relever les
prix de fermage, si les propriétaires en ont la
faculté, ou d'obtenir une réduction si les fermiers
peuvent réussir à l'imposer. Tenanciers et bail-
leurs sont d'accord, en effet, pour limiter la

durée de leurs engagements, et pour profiter des variations de la valeur locative du sol. Les événements ne paraissent-ils pas, d'ailleurs, justifier cette méthode?

La hausse si rapide et si imprévue des fermages depuis 1850 jusqu'à 1875 n'a-t-elle pas permis aux propriétaires d'augmenter leurs revenus à chaque renouvellement de leurs baux durant cette courte période?

D'autre part, la baisse non moins rapide, et non moins imprévue de la valeur locative des héritages ruraux à partir de 1875, n'a-t-elle pas justifié la prudence des fermiers qui ont pu imposer à leurs propriétaires, au bout de six ou neuf ans, des réductions de fermages considérables? Les faits que nous constatons sont donc expliqués, sinon justifiés, par le souci, toujours en éveil, des intérêts immédiats, par les conseils d'une prévoyance très naturelle, et, nous le répétons, très humaine.

Quittez le long espoir et les vastes pensées.

telle est la devise des propriétaires ruraux et des fermiers en général.

Il existe, cependant, des propriétaires qui voient les choses de plus haut et qui songent à l'avenir plus qu'au présent. Parmi les cultivateurs, quelques-uns pensent de la même façon. Les uns et les autres représentent une élite et, il faut le dire, une exception. C'est, aussi, leur situation de fortune qui leur permet d'adopter une autre méthode.

Dans nos riches pays de culture industrielle des environs de Paris ou du nord de la France, les fermiers peuvent s'engager pour une longue durée à l'égard de leurs propriétaires.

Il y a plus. Beaucoup de ces cultivateurs se rendent compte de l'intérêt que présenterait la réalisation d'un certain nombre d'améliorations foncières. — La plupart du temps, ils réussissent à s'entendre avec le propriétaire. Celui-ci avance les capitaux nécessaires pour élever de nouveaux bâtiments d'exploitation, pour exécuter des travaux de drainage, d'assainissement, de marnage, d'irrigation ; l'intérêt de ces avances est acquitté par le fermier à un taux élevé qui constitue pour le bailleur un placement avantageux.

Parfois, aussi, le propriétaire ne peut pas ou ne veut pas entreprendre de pareils travaux, et faire de semblables avances. Son opposition et son refus peuvent être, d'ailleurs, très sérieusement motivés.

Avant d'incorporer au sol des capitaux souvent considérables sous forme d'améliorations foncières, il convient de se demander si ces sacrifices donneront au domaine une plus-value notable. A l'expiration des baux en cours, les sommes dépensées auront-elles assuré au propriétaire une augmentation suffisante de ses revenus ou de la valeur du fonds amélioré? La question est, parfois, très douteuse. Il est fort difficile, dans certaines régions tout au moins, de louer des terres au-dessus du prix habituel. L'exploitation d'un domaine soumis à ce que l'on nomme la culture intensive — seule capable d'acquitter de gros fermages — n'est possible que si les cultivateurs disposent d'un capital suffisant. La prudence de la part d'un propriétaire n'est pas une conséquence de la routine ou de l'ignorance. Elle est aussi, disons-le hautement, parce que cela est vrai, le résultat des sages réflexions qu'inspire la connaissance exacte du milieu économique et des conditions de la culture.

En admettant qu'il en reconnaisse l'utilité et les avantages financiers, le fermier peut-il remplacer le propriétaire? Deux raisons s'y opposent, selon nous. En premier lieu, d'après l'article 555 du Code civil, « lorsque des plantations, constructions ou ouvrages ont été faits par un tiers et avec ses matériaux, le propriétaire du fonds a le droit de les retenir, *ou d'obliger le tiers à les enlever* ».

Cette disposition légale qui s'applique au locataire d'un héritage rural met en réalité celui-ci à la discrétion du propriétaire. Il est donc impossible à un fermier de réaliser des améliorations *foncières* sans l'assentiment de son bailleur. Ce dernier pourrait, en effet, l'obliger à remettre les lieux loués dans l'état où il les a pris, et cela sans indemnité.

La loi est fort dure; mais telle est la loi; et, si l'on veut bien songer à l'intérêt du propriétaire, il paraît vraiment fort équitable de ne pas lui imposer une dépense et des améliorations qu'il n'a ni approuvées ni même prévues.

En outre, nous pensons que le fermier ne doit pas prendre à sa charge des améliorations *foncières*. Il immobiliserait ainsi une partie de son capital d'exploitation, et, dans la plupart des cas, ce serait là une pratique dangereuse ou peu profitable.

Certes, il resterait à indiquer, d'une façon très précise et très claire, ce qu'on doit entendre par améliorations *foncières*. Mais nous ne pouvons entrer dans ces détails. Contentons-nous de citer, comme exemple, la construction de bâtiments, le drainage, l'irrigation, les plantations de bois. Il est clair, en effet, que, dans la plupart des cas, le fermier ne peut compenser par un excédent de récolte ou de profit les dépenses considérables résultant de ce genre d'améliorations.

Elles doivent être mises à la charge du propriétaire dont le domaine a acquis une plus-value notable si les opérations ont été bien conçues et intelligemment exécutées.

A côté des améliorations *foncières*, il en est d'autres que le cultivateur-locataire a précisément pour mission de réaliser, parce qu'il en recueille rapidement tous les avantages.

Nous voulons parler des améliorations *culturales*. Celles-ci résultent d'une culture prévoyante capable de maintenir le sol en état de productivité croissante ; elles sont représentées par l'apport de matières fertilisantes, par des façons culturales nombreuses et bien conçues qui ameublissent, assainissent et nettoient le sol.

Ces améliorations ont pour conséquence l'accroissement de la fertilité de la terre arable et une plus-value éventuelle dont le propriétaire lui-même peut profiter si, à la fin du bail, il parvient à louer dans de meilleures conditions une ferme ainsi exploitée.

Dans l'état actuel de notre législation, la plus-value qui peut être due à la bonne culture et aux sacrifices du fermier sortant n'est pas compensée par une indemnité assurant au cultivateur un avantage équivalent à celui dont profite le propriétaire.

Tel fermier qui a trouvé un domaine en mauvais état et qui le rend dix ans plus tard à son bailleur, fertilisé et amélioré de toutes façons, n'est donc pas protégé par la loi. Il ne peut pas contraindre le propriétaire à partager avec lui dans une mesure équitable la plus-value qui résulte, pourtant, de son travail et de ses dépenses personnelles.

Cette législation, imprévoyante et mauvaise, explique, dit-on, les faits regrettables tant de fois signalés. Elle est responsable de cette pratique qui consiste à épuiser le sol durant les dernières années des baux, sans aucun souci de l'intérêt supérieur de la production générale. Il convient, en conséquence de modifier sur ce point notre vieux Code dont les dispositions surannées tendent à maintenir et à légitimer, en quelque sorte, des méthodes d'exploitation qu'on s'accorde à condamner.

Telle est, résumée en quelques lignes, la question de l'indemnité due au fermier sortant pour amélioration du fonds loué.

Il s'agit, uniquement, des améliorations culturales et des rapports existant entre un propriétaire diligent, laborieux, honnête qui a donné au domaine exploité une productivité plus grande.

Ainsi posé, le problème semble bien facile à résoudre. Comment se fait-il qu'on ait tant tardé à lui donner la solution qu'il comporte ?

Il a paru, tout d'abord, fort difficile de définir les améliorations *culturales*, et de les distinguer des améliorations *foncières*. Ces dernières correspondant à des travaux parfois considérables, dont le propriétaire doit seul juger l'opportunité, on ne saurait songer à accepter pour elles le principe d'une indemnité due, en toute occasion, au fermier qui voudrait les réaliser.

Certes, il nous paraît indispensable que le consentement du bailleur soit requis dans de pareilles circonstances; mais il n'est pas impossible d'établir une classification donnant, sur ce point, satisfaction aux plus exigeants.

Une autre objection est plus sérieuse; elle se rapporte à la difficulté d'apprécier équitablement l'accroissement de la productivité d'un domaine, et surtout *la plus-value* correspondante.

Il peut se faire, notamment, que des circonstances économiques imprévues, viennent diminuer la valeur locative d'un héritage rural, malgré l'augmentation très certaine de sa productivité.

La baisse des cours des produits ruraux n'a-t-elle pas exercé cette influence depuis plus de dix ans? Ne serait-il pas, dès lors, très difficile d'imposer à un propriétaire le payement d'une indemnité pour *plus-value*, au moment où la réduction générale des prix de fermage vient diminuer ses revenus? Comment pourra-t-on, dans de pareilles circonstances, apprécier exactement une *plus-value* qui se traduit, en fait, par une réduction de valeur locative, ou qui limite seulement cette baisse dans une mesure qu'il est bien difficile de préciser?

Ces objections nous paraissent très fortes, bien qu'il ne soit pas impossible de les combattre et de les réfuter. En tous cas, elles paraissent devoir faire impression, et l'on prévoit si bien la répugnance des propriétaires à admettre le principe même d'une indemnité, on doute à tel point de leur bonne volonté que l'on a songé à triompher de leur résistance en prévenant leur opposition et en les condamnant à subir ce qu'ils chercheraient à éviter.

Les propriétaires pourront-ils ou ne pourront-ils pas stipuler, dans leurs baux, qu'ils se refusent par avance à indemniser le fermier sortant pour amélioration du fonds loué? En d'autres termes, l'indemnité sera-t-elle *obligatoire* ou *facultative?* Respectera-t-on le principe général de la liberté des conventions, ou insérera-t-on dans notre Code une nouvelle disposition relative à une nullité d'ordre public à propos des conventions faites entre propriétaires et fermiers au sujet de l'indemnité pour plus-value?

Laisser aux propriétaires la faculté d'inscrire dans leurs baux qu'ils ne pourront pas être contraints à accorder une indemnité, c'est rendre inefficace toute loi destinée à protéger le fermier. Telle est l'opinion des partisans du principe de l'obligation.

Contraindre le propriétaire, en lui imposant l'obligation d'indemniser, et en annulant des conventions qui font la loi des parties, c'est porter l'atteinte la plus grave au droit de propriété. Tel est le langage des partisans du principe de la liberté des contrats.

La récente proposition de loi de M. E. Dubois, député du Nord, nous montre que son auteur a pris résolument parti pour le principe de l'obligation.

Voici quelles en sont les dispositions principales :

« Le propriétaire devra tenir compte au fermier *des deux tiers de la plus-value* que celui-ci aura procurée au fonds loué par ses travaux de culture et qu'il aura fait constater contradictoirement avant l'enlèvement de la dernière récolte.

« Cette indemnité des deux tiers ne pourra, en aucune circonstance, dépasser l'importance de trois années de fermage. Le juge aura la faculté d'accorder au propriétaire des délais n'excédant pas cinq ans pour payer en un ou plusieurs termes au fermier sortant la somme allouée, qui, en ce cas, produira des intérêts à raison de 5 0/0 l'an ; cette indemnité sera, si le propriétaire le requiert, remplacée au profit du fermier sortant par une prorogation de jouissance de six années aux conditions du bail expiré.

« Toute clause de bail ou convention ayant
« pour but d'empêcher l'application des disposi-
« tions précédentes sera nulle et de nul effet. »

On voit que, par une disposition très sage, M. E. Dubois permet au propriétaire de remplacer le payement de l'imdemnité par une « prorogation de jouissance ». Ce tempérament est, à coup sûr, très heureux.

Nous croyons, cependant, que le principe même de l'obligation sera difficilement accepté.

Dailleurs, avant de nous prononcer sur une question dont le lecteur a pu voir les difficultés imprévues et les aspects si variés, il convient d'étudier quelques législations étrangères et de passer en revue les travaux fort nombreux qui se rapportent au sujet traité dans ce chapitre. C'est ce que nous allons faire.

VII

Nous avons abordé, dans le précédent chapitre, l'étude d'une question fort souvent discutée, celle de l'indemnité due par le propriétaire
au fermier qui a réalisé des améliorations.

Tel fermier qui a trouvé un domaine en mauvais état et qui le rend dix ans plus tard fertilisé
et amélioré de toutes façons n'est pas suffisamment protégé par la loi française. Il ne peut pas
contraindre le propriétaire à partager avec lui
dans une mesure équitable la plus-value qui

résulte, pourtant, de son travail et de ses dépenses personnelles.

Cette législation imprévoyante et dangereuse explique, dit-on, les faits regrettables qui ont été tant de fois signalés par nos agronomes. Elle est responsable des conséquences de cette pratique qui consiste à épuiser le sol durant les dernières années des baux, sans aucun souci de l'interêt supérieur de la production nationale. Il convient, en conséquence, de modifier sur ce point notre vieux Code dont les dispositions surannées tendent à perpétuer et à légitimer, en quelque sorte, des méthodes d'exploitation que l'on s'accorde partout à condamner.

Nous ne faisons, d'ailleurs, allusion qu'aux améliorations *culturales* et aux rapports existant entre un propriétaire et un fermier laborieux, intelligent, honnête, qui a donné au domaine exploité une productivité plus grande.

Telle est, résumée en quelques lignes, la question de l'indemnité due au fermier surtout pour amélioration du fonds loué.

La législation anglaise a résolu ce problème d'une manière très générale, et il nous paraît intéressant d'indiquer la solution qu'elle lui a donnée.

Toutes les améliorations *foncières* ou *culturales* ont été divisées en trois catégories ou classes.

Dans la première, sont compris les travaux durables, les améliorations foncières que le fermier ne peut pas exécuter ou réaliser *sans le consentement exprès* du propriétaire. On peut citer à titre d'exemples : les constructions de bâtiments, les travaux d'irrigation, l'établissement de routes et de ponts, les défrichements, la création de prairies permanentes, etc., etc.

Dans la seconde catégorie figurent uniquement les travaux de *drainage*. Pour les exécuter, le fermier doit notifier son intention au propriétaire. Celui-ci peut s'entendre avec le fermier et se charger de l'exécution des travaux. Dans ce cas, il est autorisé à demander pour intérêts de ses avances, soit une somme correspondant à 5 0/0 des dépenses effectuées, soit une annuité d'amortissement calculée de façon à éteindre la dette du fermier en vingt-cinq années, le taux d'intérêt annuel ne devant pas, dans cette hypothèse, dépasser 3 0/0.

Enfin, si le propriétaire, dûment averti, ne prend pas l'initiative des travaux, le fermier a le droit de les exécuter lui-même et d'exiger une indemnité.

Dans une troisième et dernière classe sont comprises les améliorations culturales que le fermier a le droit de réaliser *sans le consentement* du bailleur. Tels sont les chaulages, les marnages, les fumures constituées par des engrais industriels ; telle est encore l'incorporation au sol du fumier produit par des animaux qui n'ont pas été élevés sur le domaine.

Pour avoir droit à une indemnité, le fermier doit prévenir le propriétaire deux mois avant la fin du bail. Cette indemnité est réglée par des arbitres. Chaque partie nomme l'un de ces derniers, et les deux arbitres ainsi choisis désignent à leur tour un tiers arbitre à moins que, sur la demande des intéressés, cette désignation ne soit faite par la Cour du comté.

Enfin, il faut noter avec soin que le législateur anglais, si respectueux, pourtant, de la liberté des contrats, a pris soin de poser le principe de *l'obligation* en matière d'indemnité pour cause d'améliorations agricoles.

La loi de 1884 que nous analysons en ce moment décide expressément que : « Tous contrats, accords ou conventions par lesquels le fermier renoncerait à son droit de demander une indemnité, à raison d'améliorations agricoles (à l'exception de règlements d'indemnité amiables), *sont nuls de plein droit.* »

C'est là une dérogation très grave au principe de la liberté des conventions, et cette dérogation nous paraît d'autant plus remarquable qu'elle a été introduite dans un texte législatif, neuf ans après la mise en vigueur d'une loi sur les améliorations foncières qui avait déclaré, au contraire, *article* 54 : « Rien dans la présente loi ne s'oppose à ce que les parties formulent dans le bail toutes les conventions qu'elles voudront, *et en particulier, la clause que cette loi ne s'appliquera pas.* »

Cette faculté concédée aux propriétaires avait eu pour conséquence de rendre la loi inefficace parce qu'elle n'était presque jamais appliquée. Pour lui donner toute sa force et en assurer les effets, il a fallu recourir à ce procédé dangereux :

la création d'une nullité d'ordre public ; il a fallu refuser aux contractants le droit de régler à leur gré les termes d'un bail à ferme.

Ce qui s'est passé en Angleterre nous permet de prévoir quelle serait dans notre pays la portée réelle d'une loi sur les améliorations agricoles si le législateur entendait respecter la liberté des conventions.

Il est fort vraisemblable que, pour éviter des procès toujours onéreux ou gênants, les propriétaires feraient insérer dans leurs baux une clause spéciale annulant, en fait, la loi qu'on prétend leur imposer.

Nous avons déjà fait remarquer que la courte durée des baux en France répondait à une préoccupation fort naturelle et très humaine de la part des propriétaires ou des fermiers. Les uns et les autres veulent conserver leur liberté d'action, et ils entendent profiter, à chaque renouvellement, d'une augmentation ou d'une réduction de la valeur locative courante des domaines ruraux. Cette pensée si commune, si facile à deviner et à expliquer, nous prouve surabondamment que les propriétaires ne subiraient pas volontiers l'obligation d'indemniser leurs fermiers sans pouvoir prévoir et limiter à l'avance le chiffre des dépenses qui leur seraient imposées inopinément.

N'est-il pas certain, dès lors, que, pour assurer l'application d'une loi relative aux améliorations agricoles, et même aux seules améliorations *culturales*, il faudrait recourir au principe de l'obligation ?

Les avantages de la loi future compenseraient-ils tous les inconvénients qui en résulteraient certainement? Il est permis d'en douter. Certes, il serait extrêmement désirable et parfaitement juste que le propriétaire indemnisât son fermier quand celui-ci a réellement amélioré le domaine qui lui est confié; mais est-il possible d'imposer cette obligation en toute circonstance, sans s'inquiéter des conséquences de cette contrainte légale à l'égard des propriétaires fonciers? Nous ne le pensons pas.

Il y a quelques années, cette question a été discutée devant l'Académie des Sciences morales après la lecture d'un Mémoire très intéressant de M. Pascaud, conseiller à la Cour de Chambéry.

Nous croyons utile de reproduire quelques-unes des réflexions qu'avait inspirées à **M. A.** Desjardins l'étude de notre législation et des réformes proposées. « Le bailleur, disait-il, est propriétaire d'une chose dont on peut faire usage ou tirer profit; il cède, moyennant un prix, le droit d'en user ou d'en profiter, mais il ne cède pas autre chose; de son côté, le preneur promet de jouir *en bon père de famille*, c'est-à-dire de conserver et de rendre la chose louée dans l'état où il l'a reçue. C'est pourquoi, s'il la rend dégradée (autrement que par vétusté ou force majeure), il manque à son obligation contractuelle, et le Code civil le contraint d'indemniser le bailleur.

« Une idée s'offre aussitôt à l'esprit. — Mais, si le fermier indemnise pour avoir dégradé, il doit être, à son tour, indemnisé lorsqu'il a fait des dépenses utiles. » Il y a là, je le reconnais, une apparence, mais une simple apparence d'équité. C'est ce que je vais établir.

« Je laisse de côté, bien entendu, le cas où le bailleur et le preneur se sont mis d'accord, s'il est démontré que le propriétaire a donné son consentement, même implicite, aux travaux qui

ont engendré la plus-value. On peut débattre
encore la quotité des indemnités à rembourser,
mais le principe même échappe à toute discussion. C'est qu'un nouveau contrat s'est greffé sur
le premier. Ce n'est pas seulement en qualité de
fermier que le preneur améliorait les champs
donnés à bail, il agissait en vertu d'un mandat ;
mais je suppose que l'accord ne s'était pas établi.
C'est ici que la question se complique et suscite,
à l'heure actuelle, une ardente controverse.

« D'abord, dans bien des cas, et notamment,
toutes les fois que le fermier transforme la chose
louée, bâtissant, défrichant ou plantant à sa
guise, etc., etc., le propriétaire peut lui dire :
« — De quoi vous mêlez-vous? Je ne vous ai pas
chargé de bouleverser mon champ et ma ferme ;
au contraire. Non seulement vous êtes sorti de
votre contrat, mais vous l'avez violé. » Vous ne
sauriez trouver la source d'une action dans cet
abus de votre pouvoir.

« — Ensuite, et dans tous les cas, poursuivra
le bailleur, est-il bien sûr que vous ayez amélioré? C'est ici que j'admire la sagesse du Code
civil. Les rédacteurs étaient des gens pratiques

et prudents : ils cherchaient (combien de ces dispositions l'attestent !) à prévenir les procès. Or, ils savaient bien, et c'est probablement le motif principal de leur silence, qu'ils ouvraient la porte à tous les procès en insérant au titre du louage le principe du droit à l'indemnité pour cause de plus-value. Croit-on que le fermier pourra jamais se résoudre à reconnaître que ses dépenses n'ont pas été productives, et à n'en pas recevoir le montant intégral? Croit-on que le propriétaire se laissera faire? Que l'un n'exagérera pas la plus-value, que l'autre ne l'amoindrira pas?

« Quel péril pour l'un et pour l'autre! Quel malheur pour celui des deux qui n'a pas de reproches à se faire !

« Ce propriétaire a, d'ailleurs, le droit de n'avoir pas de quoi payer le montant de la plus-value. Il est débiteur, sans le vouloir, sans le savoir. Cependant, il n'avait, peut-être, pas d'autre patrimoine, et sa bourse est vide. Il faudra donc saisir et vendre l'immeuble pour payer cette dette imprévue ! Ce serait absurde ! »

M. Desjardins fait, ensuite, allusion à la nullité d'ordre public introduite dans la loi anglaise de 1884, et il montre combien il serait difficile de ne pas « glisser sur cette pente ».

Enfin, dit-il, en terminant, « on se figure qu'une innovation de ce genre stimulerait le zèle des fermiers et remédierait par là même aux maux dont souffre l'agriculture. La Société des agriculteurs de France n'est pas de cet avis, et je le comprends sans peine. Rien ne serait plus funeste à l'agriculture que cette perspective d'un procès à la fin des baux, et cette menace perpétuelle d'une réclamation pécuniaire, à l'occasion d'une plus-value conjecturale suspendue sur la tête de chaque propriétaire ».

Ces raisons sont déjà très fortes et elles peuvent faire impression sur tous les esprits.

En se plaçant à d'autres points de vue, M. Courcelle-Seneuil intervient dans la discussion, et montre les dangers ou les injustices d'une indemnité obligatoire :

« Supposons, dit-il, que le fermier ait dépensé une forte somme pour améliorer le sol ; il prétendra, certainement, qu'il y a une plus-value. Existera-t-elle, en effet ? Oui, si le fermier a dépensé avec intelligence et *bonheur;* non, dans le cas contraire.

« Supposons que la plus-value existe : elle peut avoir pour cause un accroissement de population dans le rayon où la ferme vend ses produits, ou une extension de ce rayon par la création d'une voie de communication. Voilà deux causes de plus-value; il y en a une troisième, celle qui vient du législateur et non du travail du fermier ou du propriétaire, par exemple l'établissement d'un impôt sur l'importation des produits de la terre. Cette plus-value est prise sur le bien d'autrui, puisque ce sont les pauvres consommateurs qui en font les frais. Comment la partager ou l'attribuer? On dit qu'elle est destinée à protéger l'agriculture : qui, du fermier ou du propriétaire? Il semble que ce soit le fermier, puisque c'est lui qui cultive. Actuellement, pourtant, cette plus-value profite au fermier dont le bail est en cours, et au propriétaire en fin de bail.

« Où trouver des experts capables de se reconnaître entre ces plus-values diverses, assez clair-voyants pour discerner la vérité au milieu des dires contradictoires, assez justes pour vouloir donner à chacun le sien? Je craindrais qu'on ne pût les rencontrer parce qu'on ne trouve pas des hommes capables de s'acquitter d'une tâche impossible. »

En définitive, la solution indiquée par M. Courcelle-Seneuil est la suivante :

« Lorsque des difficultés s'élèvent, les particuliers savent très bien les régler par des contrats qui, avec le temps, passent en coutume. Les intéressés qui vivent sous la pression des faits sont, par cela même, plus compétents que le législateur plus éloigné et moins intéressé. Lorsque l'état des choses et des hommes rendra nécessaires des arrangements sur la plus-value, on peut être assuré que les intéressés les prendront sans qu'il soit nécessaire de recourir au législateur. »

Cette solution ne donnera pas satisfaction à ceux qui voudraient obtenir une réforme de notre législation. N'est-elle pas, cependant, plus sage que toutes les autres?

Il y a plus. Quand on étudie, sans passion, cette question de l'indemnité de plus-value, on est amené à découvrir une difficulté spéciale qui résulte de la crise agricole actuelle.

Sur beaucoup de points du territoire, la propriété foncière rurale est aujourd'hui dépréciée. Les fermages ont diminué, et, par conséquent, la valeur vénale des domaines agricoles s'est abaissée également. Les améliorations culturales, c'est-à dire les seules qui puissent raisonnablement être imposées à un propriétaire, ne se traduisent pas, la plupart du temps, par une augmentation des fermages antérieurs. En d'autres termes, la baisse générale de la valeur locative des terres ne peut pas être exactement compensée par la plus-value qu'il s'agit d'apprécier et de rembourser. Dans la majorité des cas, c'est une diminution absolue de leurs revenus que les propriétaires constatent. Comment, dès lors, pourra-t-on leur persuader qu'il est précisément nécessaire de faire quelques sacrifices nouveaux?

« Mais, dira-t-on, grâce aux améliorations du cultivateur, cette réduction des fermages sera moins forte ; pour combattre les effets d'une crise douloureuse, il convient, au contraire, d'encourager les améliorations profitables. »

Nous doutons que ce raisonnement suffise à convaincre le propriétaire. Celui-ci peut-il savoir à quelles nouvelles réductions des prix de fermage il sera forcé de consentir lorsqu'il aura indemnisé le fermier sortant? Dans ces conditions, l'administrateur prévoyant se refusera énergiquement à subir des sacrifices dont il ne voit pas l'avantage *immédiat et certain*. Pour trancher ces difficultés, des procès seront nécessaires, même si l'on suppose adopté le principe de l'obligation.

Arriverons-nous ainsi, à la fin de ce chapitre, sans avoir pu indiquer au moins un palliatif, sinon un remède à une situation dont nous avons indiqué sans hésitation tous les inconvénients? N'est-il pas possible d'encourager les fermiers à bien cultiver le sol même durant les dernières années d'un bail? Ne saurait-on parvenir en même temps à obtenir des propriétaires une indemnité qu'ils auraient eux-mêmes prévue et acceptée?

Il nous semble qu'on pourrait avantageusement introduire dans beaucoup de baux une clause bien connue des agronomes sous le nom de

« clause de lord Kames ». Voici en quoi elle consiste :

Le fermier étant intéressé à prolonger la durée de son bail pour profiter des travaux qu'il a faits ou des améliorations qu'il a réalisées, on peut prévoir ce cas lors de la rédaction du contrat et décider que le propriétaire aura le choix entre les partis suivants :

1° Ou bien accorder à la fin du bail une prolongation de durée, en acceptant l'augmentation de fermage offerte par le fermier ;

2° Ou bien verser entre les mains de ce dernier une indemnité égale à cinq fois, huit fois, ou dix fois l'augmentation annuelle offerte par le cultivateur.

Ce contrat a évidemment l'avantage d'être librement consenti ; il permet au fermier d'apprécier lui-même la valeur des améliorations réalisées en proportionnant à cette valeur l'augmentation de fermages qu'il propose. Enfin, le propriétaire se trouve obligé d'indemniser le cultivateur s'il n'accepte pas ses offres.

Si ingénieuse que soit cette convention, elle n'est pourtant pas satisfaisante durant les périodes de baisse rapide des fermages. Il nous a fallu supposer, en effet, que le fermier offrait une augmentation du prix de location. C'est admettre d'avance que la plus-value attribuée aux améliorations culturales est supérieure à la baisse du prix des terres.

La clause de lord Kames peut, toutefois, être adoptée dans les régions de la France où les revenus fonciers ne subissent pas de dépression marquée. On pourrait également prévoir une prolongation de la durée des baux et en fixer à l'avance les conditions de façon à permettre au cultivateur de réaliser ainsi les profits correspondant aux dépenses faites par lui.

D'une façon plus générale, c'est par une meilleure rédaction plus prévoyante et plus habile des baux à ferme qu'on parviendrait à résoudre la question de l'indemnité de plus-value pour cause d'améliorations.

C'est là, d'ailleurs, un sujet très intéressant que nous aurons soin de traiter, quelque jour, dans un autre chapitre.

BIBLIOGRAPHIE

Sur la question de l'indemnité pour plus-value à fin de bail on pourra consulter :

Chambre des Députés, Documents parlementaires, 6ᵉ législature, nᵒ 164, Proposition de loi portant une disposition additionnelle à l'article 1766 du Code civil en vue d'assurer aux preneurs de baux à ferme le partage de la plus-value qu'ils auraient donnée au fonds loué.

Exposé des motifs.

Documents parlementaires, 6ᵉ législature, nᵒ 225. Rapport sur la précédente proposition de loi.

Compte Rendu du Congrès d'Agriculture de la Haye. Rapport de M. Bénard, membre de la Société nationale d'Agriculture de France.

Des droits du fermier sur la plus-value, par R. Perrout, avocat, Epinal, 1894.

Comptes rendus des travaux de l'Académie des Sciences morales, 1890.

Traité d'Economie rurale de J. Piret. 3 vol. Paris. Masson.

Cours d'Agriculture par M. de Gasparin. Tome V.

VIII

L'agriculture et l'impôt.
Les charges fiscales de la propriété rurale.

On vient de discuter à la Chambre des Députés la question de l'impôt sur le revenu. Ce problème est de ceux qui intéressent les agriculteurs aussi bien que tous les autres contribuables. Il nous paraît donc utile de le signaler, dès à présent, à nos lecteurs.

Avant d'en aborder l'étude, nous voudrions, toutefois, examiner avec attention et juger sans parti pris la situation actuelle de la propriété rurale et de l'industrie agricole au point de vue des charges fiscales dont elles sont grevées.

On dit notamment, et l'on répète chaque jour, que notre agriculture est accablée d'impôts. « Le cultivateur est la bête de somme du budget », écrivait, il y a quelques années, un agronome dont nous ne suspectons pas la sincérité. « Nous

avons cherché, ajoutait-il, ce que chaque industrie, ce que chaque classe de contribuables paye
pour 100 de son revenu. A la suite de ces
recherches, des chiffres ont été produits à la tri-
bune, qui jettent, assure-t-on, un grand jour sur
les inégalités de notre régime d'impôts, où l'*agriculture* est plus chargée que les autres branches
de notre activité nationale. Voici ces chiffres
accusateurs :

« La propriété rurale, non compris les impôts
de consommation, paye . . . . 25 »

« La propriété immobilière urbaine
payait en 1889. . . . . 17 »

« Les valeurs mobilières 4 7

« Le commerce et l'industrie. . . . . . 13 »

« Les salaires, les gages et les traitements . . . . 7 »

« De tels chiffres prennent notre régime fiscal
en flagrant délit de favoritisme. »

Voilà, bien certainement, une grave accusa-
tion. Mais comment a-t-on pu obtenir ce chiffre
énorme de 25 0/0 qui indique, paraît-il, la charge
relative de l'*agriculture* par rapport à son revenu?
On l'obtient, en additionnant pêle-mêle l'impôt

foncier, la contribution des portes et fenêtres et
la taxe des biens de main-morte, c'est-à-dire les
charges de la *propriété*, avec la contribution personnelle mobilière et des impôts indirects, c'est-
à-dire avec des taxes supportées à la fois par des
cultivateurs non-propriétaires et par des propriétaires qui n'ont jamais été cultivateurs. Et,
chose plus bizarre encore, on compare le montant de ces charges, de nature et d'incidence si
diverses, avec le total du revenu imposable de la
propriété non bâtie sans tenir compte, un seul
instant, des profits réalisés par l'agriculteur, sans
tenir compte davantage des salaires ou des gages
sur lesquels est précisément prélevée une partie
de ces impôts. En un mot, on rapproche du revenu
imposable des propriétés rurales, non pas seulement la plupart des taxes directes ou indirectes
qui pèsent sur les propriétés ou les propriétaires,
mais encore celles qui atteignent la population
agricole tout entière, c'est-à-dire près de 18 millions de personnes.

Cette méthode de calcul ou de comparaison
serait admissible, à la rigueur, si le revenu imposable de la propriété rurale, tel qu'il a été déter-

miné par nos enquêtes récentes, représentait exactement « ce qui reste au propriétaire après qu'il a déduit du produit brut les frais de culture, de semence, de récolte, etc. » Le revenu net ainsi défini comprendrait non seulement la valeur locative du sol avec les bâtiments nécessaires à l'exploitation, mais encore les profits de la culture. Ce que nous connaissons, en réalité, c'est précisément le revenu des propriétaires qui louent ou qui pourraient louer leurs domaines, c'est la valeur locative de ces derniers et non pas le revenu net tel que semble le définir la loi du 3 frimaire an VII. Et, en admettant même qu'on pût rapprocher de ce revenu net les principaux impôts acquittés par la population agricole tout entière, encore faudrait-il appliquer rigoureusement la même méthode de comparaison aux autres classes de contribuables, c'est-à-dire aux industriels, aux propriétaires urbains, aux détenteurs de valeurs mobilières, etc., etc. Il faudrait, logiquement, chercher le rapport des impôts directs et indirects acquittés par la population industrielle au revenu net de l'industrie, c'est-à-dire au montant des profits réalisés par tous les chefs d'entreprise.

8.

Il faudrait comparer le montant des impôts si divers acquittés par les capitaux engagés dans le commerce ou l'industrie aux revenus nets de ces capitaux, et non pas se contenter de constater que les propriétaires de valeurs mobilières payent un impôt de 4 0/0 sur le montant des dividendes qu'ils touchent ou des intérêts qu'ils perçoivent. Les valeurs mobilières ne sont pas, en effet, autre chose que des titres représentant des capitaux engagés dans des opérations commerciales, industrielles ou agricoles, et acquittant déjà sous les formes les plus diverses une foule de taxes directes ou indirectes.

Enfin, le bon sens public et l'universelle pratique ont déjà fait justice de cette théorie d'après laquelle le malheureux propriétaire rural payerait, à titre d'impôts, un quart de son revenu, alors que le capitaliste plus avisé qui aurait placé sa fortune en valeurs mobilières n'acquitterait qu'une taxe insignifiante de 4 0/0.

Deux personnes possédant chacune 100,000 francs font des placements différents. L'une achète un domaine rural, l'autre des obligations de chemin de fer. Est-il admissible un seul instant que la première se contente de toucher par an 3,750 francs de revenu net, alors que l'autre obtiendra 4,800 francs pour un même revenu brut primitif de 5,000 francs?

Tout le monde ne sait-il pas que ces deux personnes également prudentes et avisées percevront sensiblement le même intérêt de leurs capitaux ; et si le propriétaire foncier se contente d'un revenu peut-être plus faible, n'est-il pas certain qu'il trouve dans la sécurité de son placement, dans les avantages matériels et moraux attachés à la possession du sol une compensation (jugée par lui suffisante) de la médiocrité apparente de ses revenus?

Poussons même plus loin l'analyse et demandons-nous quelle est la situation respective de deux propriétaires ruraux inégalement frappés par la principale des charges qui grèvent leurs terres, par l'impôt foncier. Si l'un acquitte, à titre de contribution foncière, 25 0/0 du revenu net de ses terres, et l'autre 5 0/0 seulement, dirons-nous que le premier est cinq fois plus chargé que le second ; et si tous deux ont acheté la veille ces domaines, penserons-nous que le premier a commis une faute à peine concevable, tandis que le second a fait une excellente affaire? Condamnerons-nous comme privés de raison ceux qui achètent des valeurs mobilières dont le revenu est grevé d'une taxe de 4 0/0, alors qu'ils auraient pu acquérir des rentes sur l'État français dont les arrérages ne subissent aucune diminution du fait de l'impôt? Évidemment non!

Dans l'une et l'autre hypothèse, la situation des deux propriétaires ou des deux capitalistes n'est, à cette heure, ni meilleure ni pire. Nous montrerons tout à l'heure pourquoi il en est ainsi, et nous insisterons à ce propos sur les conséquences très fàcheuses d'une inégale répartition de l'impôt foncier ; mais, dès à présent, il nous est permis de constater que le bon sens public et l'universelle pratique ont déjà répondu à la question qui se pose et résolu le problème dont nous venons de parler.

Eh bien! ce qui est vrai pour les intérêts ou les revenus perçus par des capitalistes ou des propriétaires est encore vrai pour les profits réalisés par les entrepreneurs d'industrie, en général, et pour les agriculteurs comme pour les industriels. Si l'agriculture était, ainsi qu'on le prétend, forcée d'abandonner au fisc le quart de ses « revenus », ou plus exactement de ses profits, tandis que le commerce et l'industrie sont beaucoup plus ménagés, bien peu de personnes consentiraient à embrasser une profession dont les gains, sans être ni plus considérables, ni plus sûrs, se trouveraient cependant plus fortement atteints par l'impôt.

Mais, peut-on dire, l'émigration des campagnes vers les villes est précisément la preuve de cette injustice fiscale et de cette réduction des profits due à une législation financière vicieuse. Nous savons que c'est là une opinion fort répandue ; il ne nous paraît pas démontré pour cela qu'elle soit exacte, et nous pouvons nous appuyer, pour la combattre, sur les documents qui servent habituellement à la défendre. Oui, en vingt ans, par exemple, de 1862 à 1882, la population agricole, prise en bloc, a diminué, et cette diminution s'élève environ à 6 0/0 si l'on ne tient pas compte de la perte des provinces cédées à l'empire allemand. Mais il ne faut pas se contenter de cette première vue superficielle. En réalité, il s'est produit une transformation du plus haut intérêt dans les modes d'exploitation. Le groupe des chefs d'entreprise comprenant les propriétaires cultivateurs est devenu plus important.

Le nombre de ceux qui cultivent directement leurs propres biens a passé de 1,812,000 à 2,150,000 et, en conséquence, plus de 330,000 chefs d'exploitation sont venus grossir les rangs de ces propriétaires ruraux qu'on voudrait nous représenter comme disposés à renoncer à la culture, tant est lourd le fardeau des impôts qui les écrasent. Ce sont, au contraire, les domestiques ou les ouvriers agricoles qui ont diminué de nombre. Et comment en serait-il autrement alors que l'extension des cultures fourragères, le développement de l'élevage et les progrès marqués de l'outillage mécanique de l'agriculture ont précisément pour but de diminuer le nombre des bras employés et de réduire en même temps les dépenses qui s'y rapportent? N'est-il pas singulier de constater qu'au sein de la population agricole la répartition des travailleurs se modifie spontanément et qu'un courant d'opinion très puissant pousse ceux-là mêmes qui devraient être les mieux instruits de leurs intérêts à entrer dans les rangs de ces propriétaires que notre législation financière transforme, paraît-il, en serfs de la glèbe taillables et corvéables à merci? Le sens pratique et l'intérêt personnel des travailleurs ruraux n'ont pu les conduire à rechercher la situation de propriétaires dans le but de s'imposer un sacrifice.

Nous avons la conviction que les charges fiscales de l'industrie agricole ont été notablement exagérées et que la lumière n'est pas faite sur cette question importante. Il est donc utile de l'étudier.

Nous venons de voir que, pour calculer les charges de l'agriculture, on se contentait parfois d'additionner les impôts qui grèvent la propriété rurale avec ceux qui atteignent les cultivateurs. C'est là une mauvaise méthode, qui ne permet pas de distinguer assez nettement des taxes dont l'incidence est pourtant fort différente.

Nous chercherons aujourd'hui à déterminer la nature, le poids et la répercussion des impôts qui pèsent sur les propriétés rurales en ayant soin de ne pas confondre ces contributions avec celles qui représentent une charge de la culture. Cette distinction n'est pas arbitraire. Elle résulte de la division naturelle des rôles qui s'est introduite dans la pratique courante entre le propriétaire et l'entrepreneur de culture connu sous le nom de fermier ou de métayer. Alors même que le propriétaire est cultivateur, c'est-à-dire toutes les fois que la terre est soumise au régime du faire-valoir direct, on doit toujours distinguer deux catégories de capitaux utilisés et mis en œuvre pour réaliser la production agricole. Il est donc à la fois intéressant et logique de chercher quels sont les impôts qui grèvent les revenus du capital foncier indépendamment des autres taxes qui frappent les profits réalisés par l'emploi des capitaux d'exploitation.

Parmi les impôts directs, nous trouvons immédiatement la contribution foncière.

Cet impôt n'atteint pas les consommateurs des denrées agricoles ; il n'est pas davantage à la charge des locataires ; et, à notre avis, il pèse uniquement sur les propriétés ou sur les propriétaires. Insistons sur ces trois points.

J.-B. Say a fort bien établi que la contribution

foncière ne pouvait être payée par les consommateurs de denrées agricoles.

« La quantité de vin ou de blé que produit une terre reste, dit-il, à peu près la même, quel que soit l'impôt dont la terre est grevée ; l'impôt lui enlèverait la moitié, les trois quarts même de son produit net, ou, si l'on veut, de son fermage, que la terre serait néanmoins exploitée pour en retirer le quart que l'impôt n'absorberait pas. Le taux du fermage, c'est-à-dire la part du propriétaire baisserait ; voilà tout.

On en sentira la raison, si l'on considère que, dans le cas supposé, la quantité de denrées produites par la terre et envoyées au marché reste néanmoins la même. D'un autre côté, les motifs qui établissent la demande de la denrée restent les mêmes aussi. Or, si la quantité des produits qui est offerte, si la quantité qui est demandée, doivent, malgré l'établissement ou l'extension de la contribution foncière, rester néanmoins les mêmes, les prix ne varient pas. Le consommateur des produits ne paye pas la plus petite portion de cet impôt. »

Examinons maintenant le second point. L'impôt foncier peut-il être mis à la charge des locataires, et devenir ainsi une contribution imposée à la culture ?

Nous croyons qu'il faut répondre négativement. La valeur locative du sol est, en effet, déterminée par la concurrence des fermiers, et, d'une façon plus générale, par la loi de l'offre et de la demande. Un locataire sérieux ne saurait consentir à donner un prix de fermage supérieur à cette valeur, et, s'il existe une contribution foncière, le propriétaire ne pourra en imposer le payement à ce locataire qu'à la condition de réduire dans une proportion correspondante le loyer de ses terres.

C'est en s'appuyant sur un raisonnement semblable que Mathieu de Dombasle, dans une étude très intéressante sur l'impôt foncier, arrivait à dire : « La contribution foncière est une charge de la propriété et non de l'exploitation ; en conséquence l'augmentation ou la diminution de cet impôt ne peuvent en aucune manière aggraver ou améliorer le sort de l'*agriculture* (1). »

Enfin, la thèse soutenue par Dombasle, thèse trop absolue à notre avis, bien qu'exacte dans le fond, a été reprise et complétée depuis.

« Non seulement, a-t-on dit, l'impôt foncier n'est pas une charge de la *production*, mais, en général, il n'est pas une charge pour le propriétaire. Ce dernier, quand

(1) *Annales de Roville*, t. VI, p. 301.

il a fait l'acquisition d'un domaine, s'est informé du
montant de la contribution foncière, il l'a déduit avec
soin du revenu brut des terres ou de leur valeur locative,
il l'a considéré comme une rente perpétuelle et non
rachetable dont serait grevée la propriété, et il n'a
donné de cette dernière qu'un prix en rapport avec les
charges qui en diminuaient le revenu disponible. A
valeur locative égale, on paye plus cher une propriété
dont l'impôt foncier est faible, et meilleur marché un
domaine grevé d'une contribution plus forte. Dans tous
les cas, on capitalise l'impôt et on déduit toujours ce
capital de la somme que l'on consentirait à donner pour
l'achat d'un bien-fonds qui ne serait grevé d'aucune
taxe.

« Celle-ci ne pèse donc jamais sur le détenteur qui a
fait l'acquisition d'une terre après l'établissement de
l'impôt foncier ; elle grève la propriété dont elle réduit
la valeur absolument comme une rente foncière, une
servitude ou une charge perpétuelle.

« Si la contribution foncière n'atteint pas le propriétaire, celui-ci ne peut donc en rejeter le poids ni sur le
fermier, ni sur le consommateur. »

Cette théorie très ingénieuse renferme une part
de vérité et une part d'erreur. Le raisonnement
sur lequel elle s'appuie nous paraît juste. Il est
incontestable que tout acheteur sérieux cherchant
un placement pour ses capitaux tient compte du
montant de l'impôt foncier.

Est-il permis maintenant, d'affirmer que la contribution dont un domaine était grevé au moment de son acquisition n'a pas augmenté, et, si elle s'est accrue depuis trente ou quarante ans, n'est-il pas exact de dire que le propriétaire supporte personnellement un impôt dont il n'avait pas été tenu compte au moment de l'achat?

La réponse n'est pas douteuse.

En tout cas, il reste établi que l'impôt foncier n'est qu'une charge de la propriété ou qu'une contribution imposée au propriétaire, comme nous le disions plus haut.

Il nous semble que l'on peut en dire autant de la contribution foncière des propriétés bâties. Les constructions rurales sont grevées par cet impôt, et il est naturel d'en tenir compte.

La contribution des portes et fenêtres peut être considérée comme une taxe additionnelle à l'impôt foncier. Sans doute, le législateur a eu l'intention d'en faire peser le poids sur le locataire, mais, en fait, son incidence est très variable. Pour ne pas atténuer les charges de la propriété rurale, nous tiendrons compte de cette contribution.

Cherchons, maintenant, à quels chiffres

s'élèvent les impôts dont nous venons de parler.

Pour l'impôt foncier des propriétés non bâties, nous trouvons 240 millions de francs, centimes additionnels compris.

Le calcul est un peu plus difficile pour les constructions rurales. Nous savons, cependant, que la dernière enquête sur le revenu des propriétés bâties porte à 191 millions la valeur locative des bâtiments ruraux dans la France entière. Ce chiffre est peut-être trop faible, mais il ne peut, cependant, dépasser 450 millions, car l'enquête attribue cette valeur locative à l'ensemble des propriétés bâties situées dans les communes dont la population est inférieure à 2,000 habitants. Nous pensons que l'on peut, sans chance d'erreur grave, porter à 350 millions la valeur locative des bâtiments ruraux.

D'autre part, le principal de la contribution foncière pour les propriétés bâties s'élevant à 71 millions de francs pour un revenu imposable de 2 milliards, la part de la propriété rurale se trouve être, d'après le calcul précédent, de 12 millions en principal, et de 25 millions en tenant compte des centimes additionnels.

Quant à l'impôt des portes et fenêtres, nous pensons que l'on ne peut guère attribuer aux propriétés rurales plus d'un cinquième du contingent total.

En chiffres ronds, la contribution dont nous parlons serait de 11 millions en principal, et s'élèverait à 17 millions de francs avec les centimes additionnels. En résumé, nous voyons que du chef de l'impôt direct les domaines agricoles supportent en France les charges suivantes :

Francs.

Impôt foncier.	265 millions.
Portes et fenêtres.	17 —
Total.	282 millions.

Ce sont les charges normales et annuelles qu'il était indispensable de calculer.

Nous laissons volontairement de côté d'autres impôts tels que les droits de succession ou de mutation, et la taxe des biens de mainmorte qui ne s'élève qu'à 2 millions de francs. En parlant des charges fiscales de l'agriculture, nous aurons à énumérer les autres taxes qui atteignent les cultivateurs propriétaires ou non propriétaires.

Pour se rendre compte du poids relatif des contributions pesant sur la propriété rurale, il est indispensable de connaître le total du revenu net imposable. Celui-ci s'élevait, en 1879, à 2 milliards 645 millions. Depuis cette époque, il s'est produit une baisse de la valeur du sol. Pour en tenir compte, nous supposerons que les revenus de la propriété rurale ont pu diminuer de 25 0/0. L'ensemble des loyers agricoles s'abaisserait, en conséquence, de 2,645 à 1,894 millions. En ajoutant 350 millions pour les bâtiments, on voit que les revenus de la propriété rurale s'élèvent à 2,334 millions de francs.

Les charges calculées se montant à 282 millions représenteraient 12 0/0 des revenus fonciers.

Tel est, croyons-nous, le poids des impôts réels qui pèsent sur la propriété rurale. Mais ce serait une erreur que de voir dans cette charge relative une indication exacte des sacrifices imposés aux propriétaires. Nous pensons que, lors des ventes successives dont ces terres ont été l'objet, on a tenu compte d'une partie de ces charges.

Il nous reste maintenant à chercher quels sont les impôts qui pèsent sur la culture, et d'une façon plus générale sur la population agricole en France.

C'est ce que nous allons essayer de faire dans le chapitre suivant.

IX

**Les charges fiscales de la propriété rurale
et de l'agriculture.**

Nous avons essayé dernièrement de calculer le
montant des charges fiscales de la propriété
rurale. Il n'est pas inutile à ce propos de rappeler au lecteur les raisonnements et les faits qui
justifient nos conclusions.

Ce que nous entendons par charges fiscales de
la propriété rurale, ce sont les impôts qui frappent chaque année le revenu des terres et celui
des bâtiments ruraux, d'une façon régulière et
normale. A côté de ces contributions réelles grevant les revenus fonciers, quels que soient les
propriétaires, il existe, à coup sûr, beaucoup
d'impôts qu'acquittent les possesseurs du sol.
Mais ces derniers ne sont pas alors atteints en
qualité de propriétaires. S'ils acquittent des
impôts directs comme la contribution person-

nelle-mobilière, la taxe des chevaux et voitures, et une foule d'impôts indirects, c'est à titre de contribuables ordinaires; leurs charges seraient les mêmes s'ils n'avaient pas la qualité de propriétaires fonciers.

On peut se demander, toutefois, si les droits de mutation ou de succession relatifs aux propriétés rurales ne doivent pas être considérés comme une contribution prélevée sur le revenu des biens-fonds.

En tout cas, ces droits ne représentent pas une charge annuelle et normale ayant le caractère d'un impôt sur les revenus fonciers. Nous ignorons sur quelles personnes ils retombent en définitive lorsqu'il s'agit d'un achat et d'une vente. Est-ce l'acheteur qui les acquitte; est-ce le vendeur qui les supporte? Ce problème n'est pas susceptible de recevoir une solution précise. Il est vrai que, dans le silence du contrat, les frais d'acquisition et les droits de mutation, par conséquent, sont mis par notre Code civil à la charge de l'acheteur. Mais n'est-il pas certain, d'un autre côté, que celui-ci a tenu compte de ces déboursés qui augmentent le prix d'achat,

et n'a offert qu'un moindre prix au vendeur ?
On ne voit pas bien nettement le lien qui
pourrait exister entre les droits de mutation
et le revenu des immeubles. Il ne s'agit pas
ici d'une taxe annuelle venant diminuer les
loyers agricoles, comme l'impôt de transmission
sur les titres au porteur, qui réduit le montant
des coupons, quel que soit le nombre des mutations de propriété subies par la valeur mobilière.
En conséquence, nous croyons plus logique de
ranger à part les droits dont nous venons de
parler, sans les compter parmi les charges ordinaires de la propriété rurale.

Ces charges nous paraissent uniquement constituées par l'impôt foncier et la contribution des
portes et fenêtres. L'impôt foncier comprend lui-
même deux éléments :

1° La contribution sur la propriété non bâtie ;
2° La contribution sur les bâtiments ruraux
d'exploitation et d'habitation.

L'impôt foncier afférent aux terres est aujour-
d'hui de 244 millions de francs (centimes additionnels compris), chiffre un peu supérieur à

celui que nous avions indiqué naguère d'après des évaluations moins récentes.

Le calcul est plus difficile et moins précis pour les bâtiments ruraux d'habitation et d'exploitation. Nous possédons, cependant, à cet égard, de précieux renseignements contenus dans la dernière enquête sur les revenus de la propriété bâtie. Pour la France entière, la valeur locative des bâtiments ruraux est évaluée à 190 millions de francs. Cette estimation n'est-elle pas trop faible? Nous la portons à 350 millions, après déduction du quart, pour obtenir le *revenu net imposable* des maisons et constructions rattachées à la propriété non bâtie.

D'autre part, le principal de la contribution foncière des propriétés bâties s'élevant exactement à 67 millions, en 1893, pour un revenu imposable de 2,090 millions, la part de la propriété rurale se trouve portée à 11 millions en principal et à 25 millions en tenant compte des centimes additionnels.

Quant à l'impôt des portes et fenêtres, il est certain que la plus grande partie de cette contribution est acquittée dans les villes et non dans les campagnes. Tout le monde sait que certains bâtiments ruraux jouissent d'une exemption spéciale, et, d'autre part, le tarif appliqué aux ouvertures d'après la loi de 1832 est très modéré dans les communes dont la population est faible. Pour ces motifs, nous ne croyons pas que l'on puisse attribuer aux propriétés rurales plus du cinquième du contingent total, centimes compris, soit 17 millions en chiffres ronds.

En résumé, les charges que nous venons de calculer peuvent être ainsi établies :

Francs.

Impôt foncier	269 millions.
Contributions des portes et fenêtres.	17 —
Total.	286 millions.

En regard de ce total, il faut placer le revenu net de la propriété rurale, qui s'élevait à 2,645 millions de francs, en 1879 ; mais la baisse récente des loyers agricoles a certainement réduit ce chiffre. Nous avions proposé naguère celui de 2,249 millions, correspondant à une baisse de 15 0/0. Quelques-uns de nos lecteurs pensent que cette proportion n'est pas suffisante ;

nous la porterons à 25 0/0, et le revenu net imposable des terres tombe à 1,984 millions. Il
convient d'ajouter à ce chiffre le revenu net des
propriétés bâties attachées aux domaines ruraux.
Cette addition est fort légitime, puisque nous
avons compté dans le total des charges la part
d'impôt qui correspond à la propriété bâtie
(bâtiments ruraux).

Nous obtenons ainsi un revenu total de 1.984 +
350 = 2,334 millions de francs. Les charges fiscales annuelles et normales de la propriété rurale
représentent *12 0/0* en chiffres ronds. C'est la
proportion que nous avons indiquée dernièrement. Est-elle excessive? On pourrait l'admettre
si elle se trouvait aujourd'hui beaucoup plus
grande dans notre pays qu'à l'étranger. Or, il
n'en est rien. Les charges imposées à la propriété
rurale sont plus fortes, au contraire, en Angleterre, en Allemagne, en Hollande, en Autriche et
en Italie. D'un autre côté, il est incontestable
que les sacrifices imposés aux propriétaires ont
diminué en France depuis le commencement de
ce siècle. Dans un discours prononcé à la Chambre des députés en 1821, Tronchon évaluait à

10 0/0 la part prélevée sur les revenus immobiliers par le principal de la contribution foncière; avec les centimes additionnels, cette charge s'élevait à plus de 16 0/0. Nous venons de voir qu'elle ne dépassait pas aujourd'hui 12 0/0, même en tenant compte de la contribution des portes et fenêtres. Il s'est donc produit une diminution incontestable.

Les exceptions que l'on pourrait nous signaler ne sauraient modifier notre conclusion à cet égard. Les inégalités de la répartition de l'impôt foncier doivent seules les expliquer. Elles ne prouvent point que la charge imposée à la propriété rurale considérée dans son ensemble soit devenue excessive.

Nous ne pouvons donc pas partager l'opinion de ceux qui réclament comme un droit la suppression partielle des impôts grevant les héritages ruraux. Pour les petits propriétaires, ce dégrèvement nouveau n'aurait aucune importance. Sur 14 millions de cotes foncières relatives à la propriété non bâtie, on en compte 3,900,000 qui sont inférieures à *1 franc*, et correspondent à 0.66 0/0 de la contribution foncière. Les cotes de 5 à 10 francs ne représentent dans leur ensemble que 5.34 0/0 de l'impôt foncier, bien qu'elles soient au nombre de 1,800,000 !

En réalité, les seules personnes pouvant bénéficier sérieusement d'une réduction des charges fiscales de la propriété rurale, et notamment d'une suppression de l'impôt foncier, sont les propriétaires dont les 400,000 cotes de 100 à 1,000 francs correspondent à la moitié de la contribution tout entière, centimes additionnels compris. Pour tous les autres, une mesure aussi radicale que la suppression de la contribution foncière n'aurait que des avantages insignifiants.

Notre budget ne pouvant d'ailleurs subir une réduction de 103 millions, tout dégrèvement apporté à la propriété rurale aurait pour conséquence une élévation inévitable des taxes qu'acquitte l'ensemble des contribuables français.

Une pareille mesure intéresse-t-elle l'agriculture? Nous ne le pensons pas. Pour les petits propriétaires-cultivateurs, elle ne pourrait avoir, en effet, que des avantages insignifiants. Quant aux locataires de biens ruraux, nous ne saurions admettre que leur position fût améliorée par une réduction des charges fiscales de la propriété rurale. Ces charges sont supportées à cette heure par les propriétaires qui, le plus souvent, ne peuvent les rejeter ni sur les locataires ni sur les consommateurs.

Après avoir parlé de la propriété rurale et indiqué le poids des impôts réels qui en réduisent les revenus, il nous reste maintenant à indiquer les charges fiscales de l'*agriculture*. Quels sont les impôts acquittés par les fermiers, les métayers, les salariés, et enfin par les propriétaires ruraux cultivant leurs propres biens ? Telle est la question que nous nous sommes posée. En résumé, ce sont les charges fiscales de la population agricole tout entière que nous voudrions calculer.

Nous trouvons, tout d'abord, parmi les impôts directs, la contribution personnelle mobilière, dont une partie est acquittée par la population rurale. Celle-ci représentant, à peu près, la moitié de la population totale de la France, on pourrait être tenté de lui attribuer, pour cette raison, la moitié de l'impôt personnel mobilier. Ce serait, à notre avis, exagérer le sacrifice qui lui est réellement imposé. Cette division égale ne peut être admise que pour l'impôt personnel. En ce qui concerne l'impôt mobilier, réparti, comme on le sait, au prorata des loyers d'habitations, il est évident que la population urbaine supporte une beaucoup plus grosse part. Nous avons admis plus haut que les bâtiments ruraux n'avaient pas un revenu net imposable supérieur à 350 millions, alors que le total correspondant à l'ensemble des propriétés bâties s'élevait en France à 2 milliards de francs. On peut admettre comme très vraisemblable que la population agricole supporte tout au plus le *tiers* de la contribution personnelle mobilière, ce qui représente aujourd'hui 52 millions de francs, centimes compris.

Il faut maintenant tenir compte d'une taxe assimilée aux contributions directes, celle des chevaux et voitures. La moitié mise à la charge de la classe agricole s'élève à 6 millions environ.

Enfin, nous ne devons pas oublier que les prestations en nature et en argent destinées à la confection ou à l'entretien des chemins vicinaux

peuvent être très légitimement considérées
comme un impôt qui pèse principalement sur
les populations rurales. La valeur des prestations
représentant 60 millions de francs environ,
nous admettrons que les 5/6 de cette somme
sont supportés par la classe agricole. Les charges
qui pèsent sur elle du fait de l'impôt direct pourraient être ainsi résumées :

		Francs.
Contribution personnelle mobilière .	55	millions.
Taxe de chevaux et voitures	6	—
Prestations en nature et en argent .	50	—
Total.	108	millions.

Il est bien certain qu'en dehors de cette somme
relativement faible la population agricole paye
une partie de nos droits d'enregistrement et de
timbre et une fraction des impôts indirects si
productifs et si nombreux qui pèsent sur tous
les contribuables. Rien de plus difficile et de plus
délicat à coup sûr que de répartir avec quelque
précision, entre les différentes classes profession-
nelles, plus de 1,800 millions d'impôts. Quelques
réflexions peuvent, cependant, nous guider dans

cette opération. Nous remarquerons tout d'abord que la population agricole représente un peu moins de la moitié de la population totale, et nous ferons observer, d'autre part, que la somme des capitaux dont elle dispose ou des richesses qu'elle possède, en dehors du sol lui-même, est sans nul doute inférieure à celle que détient l'autre moitié de la nation. La nature même de la profession agricole, les méthodes de transactions commerciales réduites le plus souvent à des opérations au comptant, la manière de vivre, et les immunités dont jouissent les producteurs pour certaines denrées qu'ils consomment (droits sur les boissons et sur l'alcool), en un mot, une foule de présomptions et d'indices nous éclairent, en outre, sur l'incidence et le poids des droits ou impôts indirects qui peuvent frapper les classes rurales.

En nous appuyant sur ces considérations, et après un examen attentif des documents officiels relatifs aux perceptions effectuées en 1892, nous croyons pouvoir proposer les chiffres suivants :

Charges fiscales de la population agricole.

1° PRINCIPAUX DROITS D'ENREGISTREMENT ET DE TIMBRE

Transmissions entre vifs à titre gratuit .	5,5	millions.
Mutations par décès	28,6	—
Baux et antichrèses	4,0	—
Actes et jugements	11,0	—
Droits de greffe	2,0	—
Droits d'hypothèque	4,0	—
Timbre non proportionnel	41,0	—
Total	96,1	millions.

Ce total de 96 millions de francs équivaut à 30 0/0 des droits correspondants perçus au même titre et acquittés par tous les contribuables. Cette proportion ne paraîtra pas trop faible, si l'on veut bien se souvenir que beaucoup de droits d'enregistrement et de timbre ne peuvent être acquittés par les populations rurales. En outre, nous rangeons à part les droits relatifs aux transmissions et mutations d'héritages ruraux dont nous parlerons tout à l'heure.

Quant aux impôts indirects proprement dits et aux produits des monopoles de l'Etat, voici les chiffres auxquels nous nous sommes arrêté :

2° IMPOTS INDIRECTS ET MONOPOLES

Boissons.	65 millions.
Sels	16 —
Sucres.	68 —
Stéarines et bougies	3 —
Vinaigres	1 —
Chemins de fer et voitures publiques. . .	20 —
Droits divers.	10 —
Douanes	100 —
Tabacs.	95 —
Allumettes	8 —
Poudres	3 —
Total.	389 millions.

Ce total représente environ 25 0/0 de l'ensemble des droits perçus. Bien que la population agricole soit presque égale à la moitié de la population française, la proportion que nous venons d'indiquer ne nous paraît pas trop faible. Une foule d'impôts indirects ne pèsent pas sur les agriculteurs ou ne les atteignent que très faiblement.

Les droits sur les boissons, notamment, ne sont pas acquittés par les récoltants propriétaires, fermiers ou métayers. Les habitants des campagnes, sauf peut-être les salariés, jouissent, à cet égard, d'immunités considérables. Les droits d'entrée ou la taxe unique qui les remplace, le droit de vente au détail, le droit de circulation et une grande partie de la taxe sur l'alcool ne sont pas supportés par la population agricole. Il est certain également que les impôts sur les transports de voyageurs par chemins de fer ou par voitures publiques, ne pèsent guère sur l'agriculture. Nous avons supposé néanmoins qu'elle en supportait le tiers.

Enfin, il ne faut pas oublier, en ce qui concerne le produit des monopoles de l'État, que les chiffres figurant au budget nous donnent simplement la valeur des ventes effectuées et qu'il faudrait tenir compte du prix de la marchandise effectivement livrée au consommateur, du produit des exportations, etc., etc.

Nous croyons, après réflexion, que l'on peut adopter comme très vraisemblables les chiffres proposés plus haut. En résumé, les charges de la population agricole, résultant des droits d'enregistrement et de timbre, etc., et des impôts indirects ou des monopoles, peuvent être ainsi établies :

	Francs.
Droits d'enregistrement, de timbre, etc.	96.000.000
Boissons	65.000.000
Autres impôts indirects	118.000.000
Douanes	100.000.000
Produit des monopoles	106.000.000
Total	485.000.000

En ajoutant à ce chiffre 108 millions d'impôts directs déjà mentionnés, on obtient un total de 593 millions de francs, qui représente, croyons-nous, assez exactement le montant des charges fiscales de la population agricole en France.

Pour savoir quel est le poids relatif de ces impôts, il est maintenant indispensable de déterminer avec une approximation suffisante les différents revenus sur lesquels ils sont prélevés. Or, les revenus de la population agricole tout entière se composent de la valeur locative des propriétés rurales, déduction faite des charges qui la grèvent, puis des profits réalisés par les entrepreneurs de culture, propriétaires exploitants, fermiers, métayers et, enfin, des salaires ou gages prélevés, eux aussi, sur le produit brut de l'agriculture.

Comme nous l'avons établi plus haut, le revenu net de la propriété rurale peut être porté à 2,334 millions de francs, et, en retranchant de cette somme 286 millions qui en représentent les charges annuelles et normales, il reste 2,048 millions, que nous considérons comme représentant le produit net réservé aux propriétaires.

D'autre part, les gages et salaires de l'agriculture sont évalués dans l'Enquête agricole de 1882, à 4,150 millions, et les bénéfices ou profits des entrepreneurs de culture sont portés dans le même ouvrage à 1.155 millions, chiffre que nous diminuerons d'un quart, comme les loyers agricoles, pour tenir compte de la crise actuelle. En résumé, les revenus imposables de la population agricole nous paraissent être les suivants :

		Francs.
Revenu net des propriétaires	. . . . .	2.048.000.000
Profits des exploitants	. . . .	867.000.000
Gages et salaires	. . . .	4.150.000.000
	Total.	7.065.000.080

Comparées à ce total, les charges fiscales évaluées par nous à 593 millions, représentent *8,3 0/0* des revenus, profits et salaires prélevés sur le produit de l'agriculture française.

Il nous semble que l'on pourrait maintenant examiner la question des droits de transmission relatifs à la propriété rurale. S'il ne nous paraît pas démontré que ces droits, beaucoup trop élevés malheureusement, doivent être retranchés du revenu net des héritages ruraux, nous sommes d'avis qu'ils grèvent l'ensemble des revenus de la population des campagnes. On peut, en tout cas, les comparer aux revenus que nous venons de calculer. C'est là, tout au moins, un renseignement utile et intéressant. Or, les droits de transmission et de mutation par décès se rapportant aux immeubles s'élevaient, en 1892, à 245 millions.

La valeur des propriétés non bâties étant à peu près double de celle des propriétés bâties, nous compterons les deux tiers de ce chiffre à la charge des revenus agricoles. On obtient ainsi 163 millions, en chiffres ronds. Si l'on ajoute 163 millions aux 593 millions déjà indiqués, les charges fiscales de la population rurale s'élèvent à 756 millions de francs et représentent 10,6 0/0 des revenus de la propriété rurale et de l'agriculture.

En admettant même que cette proportion soit trop faible, et nous ne le pensons pas, on est loin d'arriver à ces conclusions bizarres et douloureuses auxquelles ont abouti ceux qui voudraient nous faire voir dans l'agriculture la « bête de somme » du budget. Pas plus que le propriétaire rural, l'agriculteur n'abandonne au fisc le *quart* de son revenu.

Notre législation financière, malgré ses imperfections et ses erreurs, ne doit pas être accusée de la monstrueuse iniquité qu'on lui reproche. Nous avons la ferme conviction qu'une répartition réellement équitable des impôts ne fait pas peser, en général, un trop lourd fardeau sur nos populations rurales, dont on sert mieux la cause en leur disant la vérité qu'en leur montrant dans ces charges fiscales qu'elles supportent un reste du servage d'autrefois ou des iniquités si longtemps subies dans le passé.

BIBLIOGRAPHIE

Le lecteur pourra consulter les ouvrages suivants :

Traité de la Science des Finances, par PAUL LEROY-BEAULIEU. 2 vol. Paris, Guillaumin.

Traité des Impôts, par M. E. DE PARIEU. 4 vol. Paris, Guillaumin.

Etudes d'Economie rurale, par D. ZOLLA. 1 vol. Paris, Masson 1895.

Voir, en outre, les documents officiels suivants :

Nouvelle évaluation du revenu foncier des propriétés non bâties de la France. 1 vol. Paris, Imprimerie Nationale, 1883.

Rapport au ministre des finances, sur la répartition du dégrèvement de 15,267,977, portant sur la contribution foncière des propriétés non bâties. Paris, Imprimerie Nationale, 1891.

Résultats de l'évaluation des propriétés bâties. 1 vol. Paris, Imprimerie Nationale, 1891.

X

Les travaux de M. A. Girard sur les pommes de terre à grands rendements, et sur l'alimentation du bétail. — Étude de M. Cornevin sur l'utilisation des fruits pour la nourriture des animaux de ferme.

Les beaux travaux de M. A. Girard sur la culture des pommes de terre sont aujourd'hui bien connus. Il n'est pas inutile, cependant, d'en rappeler les conclusions, d'en signaler les résultats désormais acquis, et, enfin, de montrer tout le parti que l'on peut tirer d'un accroissement notable des récoltes obtenues.

Est-il possible d'augmenter dans une large proportion les rendements des cultures de pommes de terre? A cette question M. Girard répond affirmativement, et ses conclusions sont aussi nettes que possible. En France, la récolte moyenne à l'hectare ne dépasse guère 8.000 kilog C'est là un chiffre beaucoup trop faible, et il résulte des nombreux essais institués par l'éminent professeur qu'il peut être largement dépassé. C'est surtout grâce à l'emploi de semences choisies parmi des variétés très productives que l'on peut obtenir un développement considérable et rapide de la production. Nous avons insisté, ailleurs, sur cette question technique, nous n'y reviendrons pas (1). Ce que l'on doit seulement retenir c'est qu'en utilisant une pomme de terre à grand rendement comme la Richter's Imperator, M. A. Girard est parvenu à obtenir dans les régions les plus diverses, sur des surfaces différentes et durant une série d'années déjà longue, des récoltes considérables.

Il a trouvé, d'ailleurs, une foule de collaborateurs qui ont suivi ses indications et étendu le champ de ses expérlences d'une extrémité à l'autre de la France.

Voici, par exemple, les résultats obtenus, en 1892, chez 49 cultivateurs; ce tableau résume les indications fournies à M. Girard en les grou-

(1) Voir la seconde étude de notre volume : *Questions agricoles d'hier et d'aujourd'hui*. 1ʳᵉ SÉRIE. 1894, 1 vol., chez Alcan. Paris, 108, boulevard Saint-Germain.

pant suivant l'importance des récoltes et des surfaces.

EXPÉRIENCES RELATIVES A LA CULTURE DES POMMES DE TERRE

Nombre des cultivateurs.	Rendements à l'hectare.	Surfaces cultivées.
	hilogr.	hectares.
3	45 à 48.000	1 à 1,5
7	40 à 45.000	1 à 16
17	35 à 40.000	1 à 56
22	30 à 35.000	1 à 40

Quelques exemples particuliers montrent bien qu'il s'agit d'expériences de grande culture ayant une portée considérable.

Tel est le résultat obtenu à Archevilliers, près de Chartres, par M. Egasse, qui, sur 16 hectares divisés en quatre pièces, a constaté un rendement moyen de 45,000 kilog. à l'hectare.

Citons encore M. Vast, de Chanteloup (Seine-et-Marne), qui a consacré en 1892 une pièce de terre de 50 hectares à la culture des Richter's Imperator. Le rendement s'est élevé à 36,000 kilog. en moyenne. Sur une culture de 10 hectares, M. F. Desprez, de Capelle, a obtenu une récolte de 40,000 kilog., et à Grigny, dans le département de Seine-et-Oise, M. Godefroy atteignait le rendement de 35,000 kilog., sur une surface totale de 39 hectares.

Comme noûs le disons plus haut, ces résultats excellents ont été observés dans des régions différentes. En voici la preuve :

Régions.	Moyenne des rendements à l'hectare.	Nombre des cultivateurs.	Surfaces cultivées.
	kilogr.		hectares.
Ouest	36.000	15	176
Nord.	35.000	7	63
Nord-Est	40.000	12	74
Sud-Est	?0.000	1	1
Sud-Oues	33.000	3	46
Centre	35.000	11	25
Totaux et moyenne.	36.000	49	385

M. Girard ajoute, à ce propos, les réflexions suivantes qu'il est intéressant de reproduire :

« La méthode culturale suivie sur les 385 hectares consacrés par ces 49 cultivateurs à la pomme de terre, a toujours été conforme aux indications qu'ils avaient bien voulu accepter de moi; tous ont profondément labouré, ajouté au sol des fumures abondantes, choisi et sélectionné leurs semences, planté régulièrement, à espacement bien calculé; presque tous enfin ont pris leurs précautions contre l'invasion de la maladie. »

Enfin, les résultats indiqués plus haut ont été obtenus sur des terres fertiles auxquelles les imtempéries, et, notamment, la grande sécheresse de 1892 n'avaient pas nui.

Il convient de noter, en effet, que l'année 1892, durant laquelle ces cultures ont été faites, s'est distinguée par la sécheresse persistante dont les récoltes subirent parfois les mauvais effets. Sous cette influence, les rendements de pommes de terre s'abaissèrent notablement et varièrent dans diverses régions de 18 à 22,000 kilog. par hectare. M. Girard cite, à ce propos, les chiffres que lui ont fournis un grand nombre de collaborateurs. Les rendements dont nous venons de parler sont, cependant, fort beaux encore. Il en est de même pour ceux qui ont été obtenus sur des terres pauvres ou médiocres. Les récoltes moyennes constatées par 16 cultivateurs sur 110 hectares de ces terrains de mauvaise qualité dépassent encore 21,000 kilog. à l'hectare.

Enfin, sur certains points, la sécheresse n'a pas diminué les rendements. Sans doute, quelques champs ont été favorisés par le hasard et ont reçu plusieurs ondées bienfaisantes; mais une cause plus générale peut expliquer la résistance de la pomme de terre, et il est intéressant de la signaler.

« Il m'a semblé alors, dit M. Girard, que très probablement la pomme de terre, avec ses longues radicelles, avait dû trouver dans les profondeurs du sol l'eau qu'exige sa végétation régulière et que l'atmosphère ne lui apportait pas. Pour m'éclairer sur ce point, j'ai prié ceux de mes collaborateurs chez qui ces succès s'étaient produits de me donner une description géologique aussi complète que possible des terrains cultivés, et, dans les réponses qu'ils ont bien voulu me faire, j'ai toujours trouvé l'indication d'un sous-sol peu perméable ou même totalement imperméable. Le phénomène dès lors se trouvait expliqué : c'est en utilisant l'eau souterraine retenue par le sous-sol que la plante avait vécu et prospéré. »

Les faits que nous venons de citer sont évidemment très remarquables, et les espérances qu'elles font concevoir sont même si belles qu'on pourrait être tenté de douter de leur réalité. C'est pour mettre le lecteur en garde contre cette pensée que M. Girard signale avec une parfaite bonne foi quelques déceptions ou quelques insuccès. Mais il a soin d'en rechercher aussitôt et d'en signaler les causes. Voici comment il s'exprime à cet égard :

« Quant aux rendements inférieurs à 30,000 kilogrammes qu'a fournis la moyenne culture, et dont le nombre est de 45, c'est à peu de chose près dans les mêmes proportions qu'en grande culture qu'ils se répartissent entre les cultures en terre pauvre ou médiocre, les cultures ayant souffert de la sécheresse, et enfin les cultures pour lesquelles les procédés nécessaires au succès ont été plus ou moins modifiés.

« C'est enfin un enseignement identique que nous apportent les résultats obtenus en petite culture, c'est-à-dire sur des pièces dont l'étendue a été inférieure à 20 ares.

« Partout où les procédés rationnels de la culture intensive ont été suivis, partout où l'influence de la sécheresse a été corrigée, soit par quelques averses opportunes, soit par la fraîcheur du sous-sol, les résultats ont été excellents ; partout ailleurs, dans les terres pauvres ou médiocres, dans les terres perméables, là où la sécheresse a sévi, la récolte s'est abaissée dans une large mesure. Dans quelques localités du Midi, on a vu, sous cette influence, le rendement tomber à 10,000 et même 5,000 kilogrammes ; en certains cas même, on n'a pas tenté d'arracher.

« C'est en petite culture enfin que, le plus souvent, des fautes se sont produites, qui, dans une proportion souvent importante, ont diminué les rendements.

« Dans presque tous les cas, ces fautes ont consisté à ne donner que des labours insignifiants, à considérer les engrais comme inutiles, à adopter des espacements exagérés, à fragmenter les tubercules de plant, enfin, à prendre ceux-ci parmi les plus mauvais de la récolte précédente. »

Signaler les erreurs commises, c'est indiquer au public les avantages des méthodes recommandables dont l'emploi conduit au succès. Ce succès est éclatant. La question de la culture industrielle des pommes de terre est en France presque complètement résolue. Peu importe, d'ailleurs, que telle ou telle variété obtienne les préférences des cultivateurs, qu'on fasse varier les plants avec les exigences du sol ou du climat local. L'essentiel était de montrer que l'on peut obtenir des rendements dépassant 30,000 kilogrammes à l'hectare, avec des soins convenables et des semences de choix. Les beaux travaux de M. Girard ont prouvé que cette ambition n'était pas exagérée.

Il restait à étudier une question du plus grand intérêt et intimement liée à celle de l'accroissement des rendements.

Comment utiliser dans de bonnes conditions, c'est-à-dire d'une façon lucrative, les énormes quantités de matières alimentaires mises à la disposition du cultivateur? Sans doute les féculeries et les distilleries peuvent, et surtout, pourront utiliser les produits nouveaux ; mais, n'était-il pas utile de rechercher si les animaux de ferme n'acceptent pas la pomme de terre et ne lui font pas acquérir, en la transformant, une

valeur marchande égale ou supérieure à celle
que donnerait la vente directe à l'industrie? Le
problème est trop important, et il se rattachait
de trop près à celui qui venait d'être résolu bril-
lamment pour que M. A. Girard ne l'étudiât pas.

Il vient précisément de publier les résultats
de ses recherches relatives à l'utilisation des
pommes de terre pour la production de la
viande.

Le plan d'ensemble suivant lequel ces recherches ont été conduites a consisté à mettre
en parallèle, pour les bœufs aussi bien que pour
les moutons, trois lots recevant : le premier,
une ration normale de betterave et de foin; le
second, une ration normale également, équivalente à la première, mais faite de pommes de
terre et de foin; le troisième, une ration enri-
chie de pommes de terre ; les deux premiers lots
devant permettre de constater la valeur de la
pomme de terre fourragère, au point de vue de
la production de la viande, en comparaison avec
la valeur bien connue de la betterave; le troisième étant destiné à reconnaître l'influence
d'une quantité de tubercules supérieure à la

ration normale, et à fixer, par conséquent, la limite de l'emploi utile de la pomme de terre.

C'est à l'état cuit que ce fourrage, sauf un cas distinct de ceux qui viennent d'être indiqués, a été délivré aux animaux.

La betterave et la pomme de terre, mises en parallèle, avaient l'une et l'autre une composition telle, qu'au point de vue des matières sèches considérées comme nutritives, 100 kilogrammes de betteraves équivalaient à 50 kilogrammes de pommes de terre.

Voici quelles ont été les rations adoptées par tête et par jour :

1° Pour les bœufs, de 50 kilogrammes de betteraves ou de 25 kilogrammes de pommes de terre cuites, enrobés dans 5 kilogrammes de menue paille, de 7 kilogr. 500 de foin et de 30 grammes de sel.

2° Pour les moutons, de 4 kilogrammes de betteraves ou de 2 kilogrammes de pommes de terre cuites, enrobées dans 500 grammes de menue paille, de 750 grammes de foin et de 30 grammes de sel.

Quant à la grande ration, elle a été constituée

en portant la proportion de pommes de terre à 30 kilogrammes pour les bœufs et à 3 kilogrammes pour les moutons.

Enfin, les bœufs ont été répartis par M. Girard en trois lots de trois animaux chacun : le premier pesait 2,387 kilogrammes ; le second, 2,316 kilogrammes ; le troisième, 2,362 kilogrammes.

Voici maintenant les résultats obtenus au bout de 61 jours.

	Poids		Augmentation du poids vif	
	initial.	final.	totale.	par tête et p. jour.
	kil.	kil.	kil.	kil.
Lot nº 1. — Ration normale de betterave et de foin	2.387,9	2.569	186,4	1.000
Lot nº 2. — Ration normale de pommes de terre et de foin	2.316,0	2.564	238,5	1.308
Lot nº 3. — Grande ration de pommes de terre et de foin	2.362,5	2.638	276,5	1.520

Il est donc bien démontré que l'alimentation constituée par la pomme de terre a déterminé un accroissement de poids très supérieur à celui qui avait été obtenu en utilisant les betteraves

Une seconde expérience a permis de confirmer cette conclusion. Voici comment elle a été conçue par M. Girard ; nous lui laissons la parole :

« A la suite de cette première période, et désireux de charger les animaux en viande nette et en graisse, désireux, d'autre part, de vérifier l'aptitude de ceux qui avaient été nourris jusqu'alors à la betterave, pour l'alimentation à la pomme de terre, j'ai réuni huit de ces bœufs en un lot unique, dont tous les sujets ont reçu alors indistinctement une ration de pommes de terre et de foin, additionnée de 2 kilogrammes de tourteau par jour. Cette deuxième période a été très courte, elle n'a duré que 28 jours ; troublée par un accident, elle n'en a pas moins montré les huit bœufs gagnant en moyenne, par tête et par jour, pendant deux semaines, 2 kilogr. 035 et même 2 kilogr. 312 de poids vif. Ce gain devait être le dernier ; à partir du 24 février, en effet, et pendant les deux semaines qui ont suivi, l'augmentation est devenue très faible ; les animaux étaient à point, et l'effet de l'alimentation à la pomme de terre pouvait être considéré comme complet.

« C'est le 10 mars que cette alimentation a pris fin. Pour l'ensemble des deux périodes qu'elle avait embrassées, les résultats auxquels elle a abouti peuvent être résumés à l'aide de quelques chiffres.

« En 95 jours, les bœufs du lot n° 1, nourris à la betterave pendant 77 jours, à la pomme de terre pendant 28 jours, n'ont augmenté en poids vif que de 956 grammes par tête et par jour.

« En 81 jours, les bœufs du lot n° 2 recevant la ration normale de pommes de terre ont augmenté de 1 kilogr. 331.

« En 81 jours, les bœufs du lot n° 3 recevant la grande ration de pommes de terre ont augmenté de 1 kilogr. 629. »

En ce qui concerne les moutons, l'expérience a été ainsi disposée :

Le lot n° 1 (10 moutons) a reçu la ration normale de betteraves et de foin précédemment indiquée.

Le lot n° 2 (10 moutons) a reçu la ration normale de pommes de terre et de foin.

Le lot n° 3 a reçu la grande ration de pommes de terre et de foin.

Pour ces deux derniers lots, la pomme de terre a été donnée cuite.

Un 4ᵉ lot, composé seulement de 3 moutons, a été mis au régime de la pomme de terre crue à raison de 3 kilogrammes par jour avec 750 gr. de foin.

Voici maintenant les résultats obtenus à l'aide de pesées successives après 70 jours de nourriture.

	Poids		Augmentation de poids	
	initial.	final.	totale.	par tête et p. jour.
			kil.	kil.
Lot n° 1. — Betterave. . .	380	419	39	0,056
Lot n° 2. — Pommes de terre.	388	464	76	0,109

La supériorité de la pomme de terre comme aliment est donc encore mieux établie pour les moutons que pour les bœufs.

Enfin, les lots n° 2 et n° 3 ont été mis en parallèle pour montrer dans quelle mesure une augmentation de la ration de pommes de terre pouvait accroître le poids vif. Cette expérience nouvelle a duré 116 jours, et au bout de cette période les résultats ont été les suivants :

	Augmentation de poids	
	totale.	par tête et par jour.
	kil.	kil.
Lot n° 2. — Ration normale.	119	0,103
Lot n° 3. — Grande ration .	155	0,134

Il est donc bien démontré que l'augmentation de la ration de pommes de terre a exercé une influence très heureuse sur le développement des animaux.

En ce qui concerne la pomme de terre employée crue, M. Girard a reconnu que son emploi était moins avantageux que celui de la pomme de terre cuite.

Conclusion. — Voici maintenant les conditions si intéressantes de M. Girard :

« A côté de l'augmentation en poids vif des animaux, et pour apprécier la valeur de l'alimentation qu'ils reçoivent, il convient de faire intervenir leur rendement en viande nette de la qualité de cette viande.

« De ce côté, l'emploi de la pomme de terre cuite a donné des résultats inespérés. Le rendement en viande nette pour les bœufs s'est élevé, en moyenne, à 59,17 0/0.

« Pour le lot n° 2, recevant la ration normale, il a atteint 60,19 0/0. Le rendement ordinaire des bœufs d'étable ne dépasse pas 53 à 56 0/0; de ce côté, la supériorité est donc de 3 à 6 0/0 du poids vif.

« Pour les moutons, le rendement en viande nette s'est élevé à 54 0/0; il était, à la sortie du troupeau, avant l'alimentation à la pomme de terre, de 41 0/0; c'est chose rare, d'ailleurs, que de voir le rendement de 50 0/0 dépassé.

« Quant à la qualité de la viande, elle était absolument supérieure. Toutes les personnes qui ont eu l'occasion de la goûter l'ont trouvée fine et succulente entre toutes.

« Le succès est donc complet, au point de vue de l'augmentation en poids vif, du rendement en viande nette et de la qualité.

« Une seule question reste à examiner maintenant : c'est celle du prix auquel ces résultats ont été obtenus.

« Sans prétendre fournir, à ce propos, des données rigoureusement exactes, j'ai tenté cependant, dans mon Mémoire, de présenter au moins un aperçu des dépenses et des recettes, et je suis ainsi arrivé, en chargeant mes dépenses, en allégeant au contraire mes recettes, à reconnaître que, dans les conditions où mes recherches ont été faites, le bénéfice net pouvait être considéré comme s'élevant :

	Par tête.
	Fr. c.
Pour les bœufs nourris à la betterave, à.	45 28
Pour les bœufs nourris à la pomme de terre (ration normale), à	101 83
— (grande ration), à	81 10
Pour les moutons nourris à la pomme de terre (ration normale), à	5 50
— (grande ration), à	4 94

« D'où il convient de conclure que, de toutes les rations, c'est la ration normale qui fournit, au point de vue économique, les résultats les plus rémunérateurs.

« Pour les bœufs comme pour les moutons, il est une limite au delà de laquelle l'augmentation de poids vif est payée d'un trop grand prix.

« Des faits qui viennent d'être exposés, il résulte que dans la pomme de terre riche et à haut rendement, il convient de voir dorénavant un fourrage normal fournissant économiquement des résultats remarquables, au point de vue de la production de la viande, »

Puisque nous parlons, en ce moment, de l'alimentation du bétail, il est utile de signaler à nos lecteurs une instructive étude de M. Cornevin insérée dans les *Annales agronomiques* (1). Nous avons déjà eu l'occasion de citer les travaux du très distingué professeur à l'Ecole vétérinaire de Lyon. Il s'agit, cette fois, de l'utilisation des fruits dans l'alimentation du bétail. Voici ce que dit notamment M. Cornevin à propos des châtaignes :

« Le propriétaire de châtaigneraies peut avoir avantage à faire consommer les châtaignes au fur et à mesure de la récolte, et, de fait, il en est qui en font des distributions à leurs porcs. Il est aussi des circonstances où les agriculteurs peuvent acheter ces fruits à bon marché; c'est d'abord quand les marchands de marrons au

---

(1) *Annales agronomiques*, dirigées par M. P.-P. Dehérain, de l'Institut, professeur à l'Ecole de Grignon. Paris, Masson, éditeur.

détail, qui animent les coins de rues des grandes villes, quittent leurs échoppes en mars, pour regagner leurs montagnes.

« Il leur reste parfois des stocks dont ils sont obligés de se défaire à bas prix. Puis, assez fréquemment, ce sont de grands marchands de fruits qui ayant entassé des provisions de châtaignes, ne peuvent les vendre pour l'homme parce qu'elles ont fermenté, parce qu'elles se sont « échauffées », comme ils disent. Ils sont obligés de s'en défaire. La châtaigne mise en tas est, en effet, un fruit de conservation difficile.

« Intactes ou aigries, elles peuvent entrer dans l'alimentation du bétail. On les donne crues après avoir eu la précaution de les passer soit au coupe-racines, soit, ce qui est préférable, au brise-tourteaux, afin de les égruger.

Voici la dose qu'indique M. Cornevin pour les moutons :

> Châtaignes égrugées. . . . . . . 3 litres.
> Foin . . . . 1 k. 500

Pour les porcs, la ration serait la suivante :

> Châtaignes égrugées . . . . . 2 kil.
> Débris de triperie. . . . . 0 k. 800
> Eaux grasses . . . . 3 litres.

L'auteur ajoute qu'il est difficile de conserver les châtaignes, qui constituent un excellent aliment. On pourrait probablement employer : 1° la conservation dans le vide ; 2° la torréfaction ; 3° l'immersion prolongée dans l'eau.

Ce dernier procédé est souvent utilisé pour les glands. Jetés dans des trous de 2 ou 3 mètres cubes, et baignés dans de l'eau souvent renouvelée, ces derniers se conservent bien. On peut, par exemple, faire couler sur les fosses l'eau d'une source en s'arrangeant de façon à ce qu'un léger courant s'établisse, et fasse passer l'eau d'une fosse à l'autre.

Pour les glands on opère également la cuisson en mettant les fruits dans le four de la ferme après que le pain a été enlevé.

Quelquefois aussi on fait germer le gland comme l'orge destinée à la fabrication du malt. Il suffit pour cela d'en étendre une couche sur la terre et d'arroser. Quand la germination a eu lieu, on fait sécher et on concasse.

Le plus habituellement, les glands sont donnés crus. Le seul inconvénient de l'introduction du gland dans l'alimentation est la constipation.

On peut, d'ailleurs, prévenir cette indisposition en associant les glands à des aliments aqueux qui poussent à la diarrhée comme les pulpes, les vinasses, les drèches et le son.

Pour le cheval, dit M. Cornevin, on ne doit pas dépasser 4 kilog. 500 de glands verts ou 2 kilog. 800 de glands secs.

Pour les vaches laitières, la quantité sera à peu près la même.

Pour les bœufs de labour ou d'engraissement, on peut donner jusqu'à 6 kilog, de glands frais et 3 kilog. 500 de glands secs; ces quantités s'abaissent recpectivement à 800 et 500 grammes pour les moutons.

Sans doute, ces aliments ne peuvent remplacer tous ceux qui sont habituellement utilisés; mais ils offrent une ressource précieuse et permettent de réaliser des économies que rien n'autorise à négliger.

A nos lecteurs de voir dans quelle mesure ils pourront faire usage des châtaignes, des glands de chêne, et de tous les autres fruits qu'indique M. Cornevin dans l'intéressant Mémoire auquel nous avons emprunté ces détails.

BIBLIOGRAPHIE

Consulter sur cette question :

Recherches sur la culture de la pomme de terre industrielle et fourragère, par M. GIRARD, de l'Institut. 1 vol. in-8º avec atlas. Paris, Gauthiers-Villars.

Application de la pomme de terre à l'alimentation du bétail. Deux mémoires insérés dans le *Bulletin du ministère de l'agriculture*. Années 1894 et 1895.

XI

L'Agriculture aux États-Unis, par M. E. Levasseur.

Voici un nouveau volume d'un bien grand intérèt qui témoigne du savoir si étendu, de l'esprit d'observation et de la souplesse du talent d'un écrivain auquel on doit déjà beaucoup d'études de haute valeur. M. Levasseur est allé, l'année dernière, aux États-Unis et il en a rapporté pour le public agricole toute une jonchée de notes précieuses et de documents statistiques abondants. Le volume que nous venons de parcourir en contient le résumé présenté dans le meilleur ordre. L'auteur indique, en outre, dans de nombreuses notes, les sources auxquelles il a puisé, et les données statistiques relatives à la France ou aux principaux pays de l'Europe. Il s'agit donc d'une étude de statistique et d'économie rurale comparée dont nous ne possédions pas encore l'équivalent.

Une courte, mais substantielle introduction, écrite par le très distingué secrétaire de la Société nationale d'agriculture, M. H. Vilmorin, ajoute encore, s'il le peut, à l'intérêt et à l'autorité de cette publication. En voici les principales divisions : I. *La statistique.* — II. *L'Économie rurale.* (Fermiers d'autrefois et d'aujourd'hui, associations, progrès de l'outillage, enseignement agricole, salaires, étendue et importance des exploitations, répartitions des cultures, propriétaires et locataires, irrigations et engrais.) — III. *La Production des céréales et autres plantes herbacées.* — IV. *La Culture des fruits.* — V. *Les Forêts et les Bois.* — VI. *Les Animaux de ferme.* — VII. *Les Régions agricoles.* — VIII. *La Vente des terres et les Hypothèques.* — IX. *Le Commerce intérieur et les Prix.* — X. *Le Commerce extérieur.* — Appendice. *La Question du homestead.*

On voit que toutes les questions économiques ou techniques ont été abordées dans l'ouvrage de M. Levasseur. Nous ne pouvons donc avoir la prétention de les examiner aujourd'hui. Comme le public agricole s'intéresse plus particulièrement à la production des céréales et, notamment, à celle du froment aux États-Unis, nous croyons utile d'en parler.

Voici, par exemple, un tableau de la production du froment et de la surface occupée par cette céréale depuis 1873 :

CULTURE DU FROMENT AUX ÉTATS-UNIS

Années.	Surfaces cultivées.	Production.
	(millions d'hectares).	(millions d'hectolitres).
1873	9.1	102.0
1874	10.1	111.8
1875	12.7	106.0
1876	13.2	105.2
1877	12.6	132.1
	11.5	111.4
1878	13.0	152.5
1876	13.1	162.8
1880	15.3	180.9
1881	15.2	139.1
1882	15.0	183.0
	14.3	163.6
1883	14.6	152.0
1884	16.0	186.1
1885	13.8	129.6
1886	14.9	165.9
1887	15.1	165.6
	14.8	159.8

1888	15.0	159.8
1889	15.4	177.9
1890	14.6	144.8
1891	16.1	222.1
1892	15.5	187.1
	15.3	180.5

Il est facile de voir, en se reportant aux chiffres
de ce tableau, que le développement de la culture et de la production du froment a été très
rapide depuis 1873 jusqu'à 1880. Au contraire,
depuis cette époque jusqu'en 1893, nous constatons une progression extrêmement lente. Nous
n'avons qu'à examiner les moyennes quinquennales pour nous en convaincre.

Périodes.	Surfaces.	Production.
	(millions d'hectares).	(millions d'hectolitres).
1873-1878.	11.5	111.4
1878-1883.	14.3	163.6
1883-1888.	14.8	159.8
1888-1893.	15.3	180.5

Ainsi, depuis la période de 1878-1883, jusqu'à
la série d'années 1888-1893, les surfaces cultivées se sont accrues de 1 *million d'hectares* ou de

7 0/0 environ, et la production a augmenté de 16,900,000 hectolitres ou de 10 0/0.

On ne peut manquer de convenir que c'est là une modification bien peu sensible. Que s'est-il passé en France durant la même série d'années, malgré la concurrence étrangère, et surtout malgré la baisse des prix qui peut être attribuée à des causes très générales, en dehors des importations d'origine extra-européenne? Voici tout ou moins les chiffres relatifs à notre production en froment depuis 1878 :

Périodes.	Production.
	(millions d'hectol.)
1878-1883	100,0
1883-1888	109,4
1888-1893	102,1

Le déficit marqué par cette dernière moyenne est dû à la très mauvaise récolte de 1891 qui n'a atteint que 77 millions d'hectolitres.

Néanmoins, comparées entre elles, les deux périodes 1878-1883 et 1888-1893 sont marquées par un accroissement de la production qui s'élève à 2 millions d'hectolitres, ou à 2 0/0.

Avec les récoltes normales de la période 1883-1888, nous aurions enregistré une augmentation de 9 0/0, parfaitement comparable à celle que l'on a signalée pour les Etats-Unis.

Nous avons déjà insisté ici même sur la diminution du chiffre des exportations de froment venant de la grande République américaine. Il est intéressant de rappeler ces faits :

EXPORTATIONS DE FROMENT DES ÉTATS-UNIS

1874-1879	78 millions de bushels.
1879-1884	157	—
1884-1889	142	—
1889-1893	129	—

Il est vrai qu'en 1892 les exportations américaines se sont élevées à 157 millions de bushels ; mais elles retombaient à 117 en 1893 ! En jetant les yeux sur le graphique n° 18, annexé à l'ouvrage de M. Levasseur, on se rend compte immédiatement de la tendance des importations à décroître, par bonds successifs.

La raison de ce mouvement nous paraît facile à discerner. La population des États-Unis augmente, en effet, très rapidement, et la production du froment par tête d'habitants diminue depuis quelque temps au lieu de s'élever. En voici la preuve :

PRODUCTION DU FROMENT PAR HABITANT AUX ÉTATS-UNIS

Années.	Hectolitres.
1849	1.5
1859	1.9
1869	2.6
1879	3.3
1889	2.6
1893	2.2

Il n'est pas moins intéressant de comparer ces chiffres avec ceux qui concernent la France :

PRODUCTION DU FROMENT PAR HABITANT EN FRANCE

Années.	Hectolitres.
1849	2.5
1859	2.4
1869	2.9
1879	2.1
1889	2.8
1893	2.5

On voit que, malgré l'énorme production des États-Unis, la quotité disponible par tête d'habitant est sensiblement moins élevée que dans notre pays.

Sans doute, il est encore possible d'augmenter les récoltes américaines. M. Levasseur le dit fort clairement dans le passage suivant : « Ce n'est pas la terre qui manque. Il y a arrêt dans le développement ; il n'y a pas épuisement du sol productif. Les calculs qu'ont faits certains publicistes pour fixer une limite à la production me paraissent peu fondés ; ils peuvent être déjoués par le progrès de l'irrigation, des moyens de transport et par d'autres causes. Mon sentiment est que les cultivateurs s'appliqueront de plus en plus à varier leurs cultures, mais que, dans cette variété, il restera encore place aux États-Unis pour un développement de la culture du blé, moins rapide sans doute qu'il n'a été de 1867 à 1880, mais encore long en durée et ample en quantité, et que le développement ne manquera pas de se produire si un jour les conditions du marché intérieur et de l'exportation lui deviennent favorables (1). »

(1) *Op. cit.*, pp. 105 et suiv

Quelle cause peut-on donc assigner à l'arrêt que nous avons constaté dans l'extension et la production du froment. Cette cause est celle qui détermine en Europe une crise agricole douloureuse dont on rejette précisément la responsabilité sur les producteurs des États-Unis : c'est l'abaissement si rapide et si inattendu des prix depuis 1880. Nous avons insisté sur l'importance de ce phénomène économique qui n'est pas nouveau, mais qui a toujours causé les mêmes perturbations et provoqué les mêmes plaintes (1).

M. Levasseur traite en outre avec infiniment de tact et de raison la question des *prix de revient*. Il fait d'abord justice de la prétention si souvent émise de déterminer un prix de revient général.

« Je n'ai pas recueilli moi-même de prix de revient auprès des fermiers américains. Ce genre de renseignements est sans doute intéressant, et c'est un des premiers vers lesquels se porte la

____

(1) Voir le 17ᵉ chapitre de notre ouvrage : *Les Questions agricoles d'hier et d'aujourd'hui*. 1ʳᵉ SÉRIE. 1 vol. Paris, Alcan; 1894.

curiosité d'un observateur, mais il me semble être en général peu probant. Le fermier le donne souvent en vue de prouver une thèse, et, dans ce cas, le renseignement manquant de sincérité, manque d'exactitude. Parfois aussi, il le donne sans avoir songé à faire entrer en ligne de compte tous les éléments du calcul, et le renseignement manque de précision. Ces éléments sont très divers; il est difficile de les réunir tous. Quand la récolte est abondante, le prix de revient par hectolitre n'est pas le même que lorsqu'elle est faible; quand le blé est versé, la moisson coûte plus que lorsqu'il ne l'est pas... S. ces conditions accidentelles font varier le prix dans une même ferme, elles agissent à plus forte raison dans deux fermes éloignées qui n'ont ni le même sol ni le même climat, dont les fermiers n'ont ni le même capital ni la même intelligence et entre lesquels, par conséquent, il existe des différences fondamentales et permanentes. »

Dans un rapport très complet et très étudié, qu'a publié, il y a quelques années, le sénateur italien Fedele Lampertico, l'auteur démontrait déjà que le calcul d'un prix de revient du blé aux États-Unis n'était qu'une fantaisie inutile et stérile.

M. Levasseur cite, à ce propos, l'opinion émise par M. Veblen, agronome, professeur à l'Université de Chicago : « Celui-ci déclare, dans un article sur la production et le prix du blé, qu'il ne saurait établir de prix de revient aux États-Unis et, après avoir comparé les conditions de la vie en Amérique et en Angleterre, la fertilité naturelle du sol, généralement plus grande dans l'Ouest américain, le bon marché du bois et des machines agricoles, et la cherté relative des autres marchandises que le fermier américain achète, il conclut qu'il doit y avoir à peu près compensation et qu'il n'est pas possible de dire de quel côté est, en définitive, l'avantage. »

Certes, quelques fermes des États-Unis peuvent produire du blé dans d'excellentes conditions, et leur prix de revient doit être très faible. Ce prix ne saurait régler celui qui est généralement constaté sur les marchés. Les cours d'une céréale comme le froment sont fixés par les besoins et les offres d'une partie du monde. A ce point de vue, le producteur du Nouveau-Monde est sous la dépendance des producteurs et des consommateurs de l'Europe. Le prix de vente de son blé dépend de la récolte des autres centres de culture et des demandes qui en résultent. — D'un bout à l'autre du globe, l'influence toute puissante des prix règle la production, la contient et la développe, de même qu'elle dirige les courants commerciaux.

En voici la preuve :

IMPORTATIONS DE FROMENT EN FRANCE

Années.	Prix par quintal.		Importations.
	Fr.	c.	(milliers de quintaux).
1883.	24	8	10.100
1884.	23	1	10.500
1885.	21	7	6 400
1886.	22	8	7.000
1887.	23	4	8.900
1888.	24	7	11.300
1889.	24	0	11.400
1890.	24	7	10.500
1891.	26	1	19.600

Nous avons montré à plusieurs reprises avec quelle surprenante précision les mouvements des cours réglaient, en France, la marche des importations. Celles-ci s'élèvent en même temps que les prix et s'abaissent au même moment (1).

En 1884, l'annonce du vote d'un droit de douane provoque une importation extraordinaire mais durant les années suivantes les cours fléchissent et les importations s'abaissent brusquement. Les prix viennent-ils à se relever en 1888, 1889, 1890 ? Aussitôt, les envois de l'étranger augmentent. En 1891, notre production moyenne qui atteint normalement plus de 100 millions d'hectolitres, tombe à 77 millions. Les cours se relèvent et les importations doublent! Ces fluctuations ont toutes leur contre-coup sur les marchés des Etats-Unis, et dans les fermes de ce vaste pays on en ressent les effets. La baisse progressive du froment a eu pour conséquence, en Amérique comme dans l'Europe occidentale, une crise agricole et une dépréciation de la propriété foncière. Elle exerce aujourd'hui une

(1) Voir notamment notre étude sur la « Question du blé », dans le volume : *Études d'Économie rurale*, par D. Zolla. Paris, Masson, éditeur, 1895.

influence incontestable sur le développement de la production américaine. M. Levasseur cite, à ce propos, une observation très juste du professeur Veblen : « Il n'est pas douteux, dit ce dernier, que le prix du blé dépend de la quantité produite, mais il n'est pas moins certain que, toutes choses égales d'ailleurs, la production moyenne du blé dépend du prix. L'influence de la production sur le prix est directe et momentanée; celle du prix sur la production est lente mais permanente. »

Rien n'est plus vrai.

Quant aux effets de la baisse actuelle sur la situation des entrepreneurs de culture aux États-Unis, M. Levasseur les apprécie de la façon suivante : « Il est certain que le bas prix de presque toutes les denrées, dont on se plaint sur la côte du Pacifique comme sur la côte de l'Atlantique ou dans les plaines du Centre, met dans l'embarras les fermiers, surtout ceux qui sont endettés; qu'il est désagréable aux marchands de terres qui trouvent moins d'acheteurs, et à toute industrie manufacturière ou voiturière qui vit de la clientèle de l'agriculture. »

12.

En Europe, on sait que les mêmes plaintes se sont fait entendre.

Il est, toutefois, bien important de savoir si les effets de cette crise agricole et foncière sont ressentis non seulement par les entrepreneurs de culture et les propriétaires, mais encore par la partie de la population agricole qui vit de salaires. C'est une erreur presque toujours commise que de confondre les intérêts des entrepreneurs de cultures ou des propriétaires fonciers *qui louent leurs domaines* avec ceux des domestiques et des ouvriers ruraux. Ces intérêts peuvent être distincts et différents. La hausse ou la baisse des denrées agricoles n'affecte pas immédiatement le taux des salaires. Ceux-ci s'élèvent lentement durant les périodes de hausse ; ils diminuent plus lentement encore pendant les périodes de baisse (1).

L'étude comparative des variations simultanées des salaires agricoles et du prix des den-

(1) Voir notre étude : « Les variations du prix des terres en France au xvııᵉ et au xvıııᵉ siècle. » (Mémoire couronné par l'Académie des sciences morales et politiques.) *Annales de l'École des Sciences politiques*, 1893 et 1894.

rées, durant trois siècles, depuis la fin du règne d'Henri IV jusqu'à nos jours, nous a permis de constater cette loi.

Dans son ouvrage si remarquable, *la Question de l'or*, M. Levasseur avait fait la même remarque pour le dix-neuvième siècle, durant la curieuse période de hausse qui a commencé vers 1850. La baisse du prix des céréales n'a pas eu pour effet, dans notre pays, de déterminer une réduction générale des salaires ou des gages. L'enquête récente faite en Angleterre sur la condition matérielle des travailleurs agricoles conduit aux mêmes conclusions (1). Les mesures protectrices prises dans beaucoup de pays pour assurer aux producteurs de blé un prix de vente rémunérateur avaient cependant pour but de prévenir une baisse des salaires ruraux. M. Levasseur ne pense pas que le régime protecteur soit utile à ce point de vue spécial.

« Cependant, dit-il, on ne voit ni d'un côté ni de l'autre de l'Atlantique que les industries protégées manufacturières ou agricoles soient pré-

(1) Voir : *General Report on the agricultural labourer*, by Mr. William C. Little. 1 vol. in-4. Londres, 1894.

cisément celles qui payent le plus cher leurs ouvriers. Bien que le prix de vente d'un produit ait une influence incontestable sur le taux des salaires, ce taux est déterminé par des lois supérieures à celles d'une industrie particulière, quelque importante qu'elle soit : les agriculteurs qui se plaignent de la cherté de la main-d'œuvre et de l'émigration des campagnes vers les villes ne sauraient le méconnaître. »

La baisse du prix des denrées agricoles aux États-Unis a-t-elle déterminé une baisse des salaires? Le prix de la main-d'œuvre peut-il, d'un autre côté, expliquer la modicité du coût de production? Ce sont là des questions d'un grand intérêt que nous étudierons bientôt, en nous servant des renseignements puisés dans l'excellent ouvrage auquel est consacré ce chapitre.

BIBLIOGRAPHIE

On pourra consulter :

L'Agriculture aux Etats-Unis par E. LEVASSEUR, de l'Institut. Extrait du Tome CXXXVI des mémoires de la Société nationale d'agriculture.

Le Commerce des Blés, par le Dr J. WOLF. 1 vol. Paris, Berger-Levrault, 1887.

La production agricole en France, par L. GRANDEAU. 1 vol. Paris. Berger-Levrault, 1885. (Voir, notamment, les *données. statistiques sur la production du blé*, par M. E. CHEYSSON.)

Le Blé aux Etats-Unis, par A. RONNA. 1 vol. Paris, Berger-Levrault. 1880.

Etudes d'Economie rurale, par D. ZOLLA. 1 vol. Paris. Masson, 1895. (Voir le chapitre : *La question du blé.*)

XII

Le Bureau de l'agriculture à Londres vient de publier le premier numéro d'un journal périodique qui renferme une étude sur le prix de revient du froment aux États-Unis.

Il s'agit d'une enquête très sérieuse et très approfondie qu'a provoquée la baisse des cours du blé. Cette dépression si générale inquiète les producteurs américains et les atteint dans leurs intérêts.

Pour en déterminer l'origine, les effets et la durée probable, le département de l'agriculture des États-Unis s'est adressé à 25,000 fermiers ou cultivateurs dans toutes les régions de la République, et leur a demandé de quelle façon ils pouvaient établir le prix de revient du blé. En outre, plus de 4,000 correspondants choisis parmi les anciens élèves des Écoles d'agriculture devenus, eux-mêmes, cultivateurs, ont répondu aux mêmes questions. Les indications qu'ils ont fournies servent à contrôler l'exactitude des renseignements obtenus par la première méthode. La concordance des réponses faites par les uns et par les autres est très remarquable; elle donne, par conséquent, un véritable intérêt aux chiffres que nous allons citer. Voici quels seraient, tout d'abord, les frais de production du froment dans les différentes régions des États-Unis. Pour plus de simplicité, nous avons opéré la transformation des surfaces et des prix américains en unités françaises, franc et hectare.

Deux faits nous ont frappé. En premier lieu, il est aisé de voir que les frais de production atteignent, en moyenne, 150 francs par hectare et dépassent 200 francs dans trois régions. En second lieu, nous constatons que ces frais de production sont très différents.

FRAIS DE PRODUCTION DU FROMENT PAR HECTARE
AUX ÉTATS-UNIS

Régions.	Total des frais.
	Francs.
Nouvelle Angleterre	260
États du Centre	233
États du Sud	140
États de l'Ouest	139
Régions des montagnes	204
Régions du Pacifique	179
Moyenne pour les États-Unis. .	150

Il ressort par conséquent de cette étude que la
culture du froment reste possible, parce qu'elle est
lucrative, dans les régions mêmes où les frais de
production sont relativement beaucoup plus élevés. La concurrence des blés produits à moindres
frais dans les régions éloignées du Sud et de
l'Ouest n'a pas pour effet de rendre impossible la
production dans les autres régions. La diversité
des cultures alternant avec celle du froment,
l'emploi des engrais, l'élévation des rendements
et les facilités de communication viennent donc
compenser, en définitive, les difficultés résultant
du chiffre relativement considérable des frais de

production. Il en est de même dans notre pays. Ce n'est pas dans les exploitations dont les frais de production par hectare restent fort bas que l'on peut obtenir au plus modeste prix les denrées agricoles. Nous pourrions citer quelques chiffres précis à l'appui de cette affirmation.

Quel peut être le prix de revient du froment par rapport aux frais de production dont nous venons de parler? Cette question est encore plus intéressante que le problème relatif au total des dépenses par unité de surface. L'enquête américaine ne nous donne malheureusement qu'une moyenne se rapportant aux États-Unis dans leur ensemble. Le rendement moyen du froment durant la période 1890-1893 ayant été de 11,2 hectolitres par hectare, correspondant à une dépense de 150 francs, le coût de production s'élèverait à 13 francs par hectolitre en chiffres ronds. Or, à cette heure, le cours du froment à New-York est tombé au-dessous de 12 fr. 50 par *quintal*, c'est-à-dire au-dessous de 9 fr. 40 par *hectolitre*. A Chicago, ce prix ne serait plus que de 8 fr. 70 ! Si nous ajoutions foi aux affirmations des correspondants du département de l'agriculture

américaine, la production du froment serait
devenue impossible. Nous ne croyons pas qu'il
faille accepter sans discussion cette conclusion.
L'établissement d'un prix de revient est une
chose singulièrement délicate. On ne peut guère
obtenir que des résultats approximatifs. Dans
un excellent ouvrage sur l'*Agriculture aux États-
Unis*, M. E. Levasseur le disait naguère avec
raison. Voici comment il s'exprimait à cet égard :

« Je n'ai pas recueilli moi-même de prix de
revient auprès des fermiers américains. Ce
genre de renseignements est sans doute intéressant, et c'est un des premiers vers lesquels se
porte la curiosité d'un observateur, mais il me
semble être en général peu probant. Le fermier
le donne souvent en vue de prouver une thèse,
et, dans ce cas, le renseignement, manquant de
sincérité, manque d'exactitude. Parfois aussi,
il le donne sans avoir songé à faire entrer en
ligne de compte tous les éléments du calcul, et
le renseignement manque de précision. Ces éléments sont très divers; il est difficile de les
réunir tous. Quand la récolte est abondante, le
prix de revient par hectolitre n'est pas le même

que lorsqu'elle est faible ; quand le blé est versé, la moisson coûte plus que lorsqu'il ne l'est pas... Si ces conditions accidentelles font varier le prix dans une même ferme, elles agissent à plus forte raison dans deux fermes éloignées qui n'ont ni le même sol ni le même climat, dont les fermiers n'ont ni le même capital ni la même intelligence et entre lesquels, par conséquent, il existe des différences fondamentales et permanentes. »

Dans un rapport très complet et très étudié qu'a publié, il y a quelques années, le sénateur italien Fedele Lampertico, l'auteur démontrait déjà que le calcul d'un prix de revient du blé aux Etats-Unis n'était qu'une fantaisie inutile et stérile.

M. Levasseur cite encore l'opinion émise par M. Veblen, agronome, professeur à l'Université de Chicago : « Celui-ci déclare, dans un article sur la production et le prix du blé, qu'il ne saurait établir le prix de revient aux Etats-Unis et, après avoir comparé les conditions de la vie en Amérique et en Angleterre, la fertilité naturelle du sol, généralement plus grande dans l'Ouest amé-

ricain, le bon marché du bois et des machines
agricoles et la cherté relative des autres marchandises que le fermier américain achète, il conclut
qu'il doit y avoir à peu près compensation et
qu'il n'est pas possible de dire de quel côté est,
en définitive, l'avantage. »

Nous n'acceptons donc qu'avec les plus
expresses réserves le prix de revient indiqué
dans l'enquête américaine. Il faudrait, d'ailleurs,
tenir compte de la valeur de la paille. Ce produit
est parfois susceptible d'être utilisé ou vendu.
La recette correspondante vient donc diminuer
le prix de revient du grain.

Les chiffres relatifs aux frais de production
n'en conservent pas moins leur intérêt pour les
raisons que nous avons données. Ces chiffres
sont encore plus instructifs à un autre point de
vue. Au lieu de les examiner dans leur ensemble
il est, en effet, utile de les utiliser et d'en distinguer les éléments. Le total des frais de production se décompose ainsi :

1° Loyer du sol; 2° Fumures; 3° Semences ;
4° Travaux de culture; 5° Frais divers de prépa-
ration et de transport au marché. Voici, tout

d'abord, quelle est la valeur locative attribuée au sol dans les diverses régions. Ces renseignements sont empruntés, bien entendu, à l'enquête dont nous parlons :

Régions.	Loyer du sol par hectare.
	Francs.
Nouvelle-Angleterre.	45
États du Centre.	51
États du Sud	35
États de l'Ouest	33
Régions des montagnes.	49
États du Pacifique	40
Moyenne pour les États-Unis . .	36

Ce sont là des indications du plus grand intérèt. On répète, en effet, très volontiers qu'aux Etats-Unis la terre n'a pas de valeur et que d'immenses étendues peuvent être mises en culture sans aucune dépense analogue aux fermages acquittés par nos agriculteurs d'Europe. Il nous est prouvé jusqu'à l'évidence que cette opinion ne doit plus être acceptée sans discussion. Nous pouvons même la considérer comme entièrement erronée. Dans les régions les plus reculées et les plus récemment défrichées, dans les Etats du Sud ou du Far-West, le loyer de la terre s'élève, en moyenne, à 33 ou 35 francs par hectare! Or, quelle est, en France, la valeur locative moyenne des *terres labourables?* Elle s'élevait, d'après l'enquête de 1879-1881, à 56 francs par hectare. Si nous supposons qu'une baisse de 25 0/0 s'est produite depuis 1879, le revenu moyen s'abaisse à 42 francs! L'écart entre ce chiffre et celui qui se rapporte par exemple aux Etats de l'Ouest américain n'est que de 9 francs seulement! Ces Etats sont cependant ceux qui produisent, d'après la statistique américaine, les *deux tiers* du blé récolté aux Etats-Unis. Il s'agit de la Virginie occidentale, du Kentucky, de l'Ohio, du Michigan, de l'Indiana, de l'Illinois, du Wisconsin, du Minnesota, de l'Iowa, du Missouri, du Kansas, de la Nebraska, du Dakota Sud et du Dakota Nord !

Ces faits, que l'on peut considérer, à notre avis, comme certains, nous paraissent singulièrement utiles à connaître. Il convient même d'en rechercher la portée et de dégager les principaux renseignements qu'ils contiennent.

Le chiffre relativement si élevé du loyer de la terre nous prouve que la culture est ou était, tout dernièrement encore, assez largement lucrative. Il y a donc contradiction entre le prix des loyers agricoles et la perte notable qui paraît résulter de la production du froment. Sans doute, il n'est pas impossible que cette perte soit compensée par les gains réalisés au moyen d'autres cultures ou à l'aide des spéculations animales : mais, dans les régions reculées dont nous avons parlé, il paraît établi que la production du froment a cependant une importance de premier ordre. Cette production pourra avoir lieu pendant quelque temps encore, parce que la valeur locative des terres devra fléchir. On se trompe, en effet, lorsque l'on admet que c'est le loyer du sol qui détermine le prix de revient du blé ou des autres productions agricoles. A notre avis, la valeur du sol dépend des bénéfices attachés à son exploitation ; elle dépend notamment du cours des denrées ou, en d'autres termes, de la valeur du produit brut. Si, la quantité des récoltes obtenues restant constante, le prix de chaque unité vient à décroître, le produit brut diminue, et le loyer du sol s'abaisse en même temps que lui. Depuis deux ou trois siècles, lorsque le cours des denrées agricoles a subi une dépréciation sensible et prolongée, la valeur du sol a fléchi également. Cela est si vrai que les propriétaires fonciers ont toujours réclamé des mesures destinées à provoquer la hausse des denrées agricoles, pour éviter une baisse de leurs fermages.

Nous pensons donc qu'aux Etats-Unis la culture du blé restera possible aussi longtemps qu'on verra les terres conserver une valeur locative égale ou même notablement inférieure à celle que nous révèle la dernière enquête officielle. Or, cette valeur est encore très élevée, contrairement à l'opinion généralement répandue. Beaucoup de terres, en France, ne sont pas louées aujourd'hui plus de 33 ou 35 francs l'hectare! Certes le développement si rapide de la production du blé aux Etats-Unis va se trouver probablement arrêté, et nous avons montré nous-même dans un autre chapitre que ce mouvement était déjà appréciable, mais nous ne croyons pas que la culture doive être brusquement restreinte.

Il est intéressant de savoir ce que représente

la valeur locative du sol dans le total des frais
de production du froment aux Etats-Unis. Le tableau suivant indique à la fois les chiffres abso-
lus et les proportions correspondantes :

Régions.	Loyer du sol.	Total des frais.	Rapport du loyer au total des frais.
	Fr.	Fr.	%
Nouvelle-Angleterre . . .	45	260	17
États du Centre.	51	233	21
États du Sud	35	140	25
États de l'Ouest	33	139	23
Région des montagnes . .	49	155	24
État du Pacifique.	40	139	22
Moyenne générale pour les États-Unis.	36	114	24

Il est aisé de voir que le prix de location de la
terre représente le quart ou le cinquième du
total des frais de production par hectare. Cette
proportion est très élevée. En France, dans une
région agricole très riche où la terre a conservé
une grande valeur, on trouverait à peu près les
mêmes relations entre le loyer du sol et le total
des frais de production. Voici, par exemple, le
total des dépenses et le prix de fermage corres-

13.

pondant, pour une exploitation de Seine-et-Oise, dont nous avons sous les yeux la comptabilité détaillée. Il s'agit également de la culture du blé :

	Francs.
Frais à l'hectare	530
Fermage	118
Rapport du fermage au total des frais. .	22 0/0

Ce dernier rapport est même inférieur à celui qui est indiqué pour les Etats-Unis dans leur ensemble. Il faut avouer que de pareils faits seraient de nature à nous surprendre si nous pouvions croire encore à la légende des terres vierges produisant des céréales sans autres dépenses que les frais de labour, de semailles et de récolte.

Il y a plus. Ces terres vierges, d'une fécondité inépuisable, exigent, paraît-il, des fumures pour produire du blé. Le prix des engrais répandus par hectare, s'élève à 28 francs, en moyenne, pour les Etats-Unis. Dans les Etats de l'Ouest, cette dépense atteint encore 24 francs, et représente exactement 17 0/0 des frais de production.

En France, dans la ferme dont nous parlions

plus haut, la dépense en engrais s'élève à
144 francs, tandis que le total des frais de production atteint 530 francs. Le rapport du premier nombre au second est de 27 0/0. Si l'on veut
bien songer que dans le premier cas il s'agit
d'une culture pratiquée aux Etats-Unis sur des
terres récemment défrichées, et que, dans le second cas, nous parlons d'une ferme située à
25 kilomètres de Paris, on trouvera peut-être
que les dépenses de fumure sont relativement
très considérables pour les terres américaines.
C'est du moins la conclusion qu'il nous paraît
légitime de tirer des faits révélés par l'enquête
officielle à laquelle nous empruntons tous ces
détails.

Pour compléter cette étude sommaire il nous
reste à parler des dépenses représentées par la
main-d'œuvre et les façons culturales.

Aux États-Unis, ces frais s'élèvent, en
moyenne, à 62 francs par hectare représentant
41 0/0 du total des dépenses. Dans les États de
l'Ouest qui produisent, avons-nous dit, les deux
tiers du blé récolté, la dépense par hectare est
également de 62 francs, mais elle représente

45 0/0 des frais de production pris en bloc. Nous savons que la main-d'œuvre est fort chère aux États-Unis, et les chiffres précédents ne nous étonnent pas.

En France, dans l'exploitation que nous avons prise comme exemple, nous voyons que le total des dépenses analogues s'élève à 115 francs par hectare, correspondant à 22 0/0 des frais de production.

Tels sont les faits assez sérieusement établis que nous croyons dignes d'attirer l'attention du public. Ils serviront à dissiper quelques erreurs et à nous montrer que l'agriculture aux États-Unis n'a pas le caractère qu'on lui prête volontiers. L'élévation de la valeur du sol et la nécessité des fumures constituent deux faits économiques importants. Il était donc utile de les signaler.

Nous devons signaler aussi, et avec beaucoup de regrets, un fait dont les ménagères parisiennes ne se sont, sans nul doute, jamais aperçues depuis plus de six mois. Nous voulons parler de la baisse des beurres. Ce phénomène, insignifiant en apparence, présente cependant une grande importance. Il est donc utile de le constater tout d'abord d'une façon suffisamment précise.

Voici quels ont été les cours pratiqués à Paris, en 1893 et en 1894, pendant les mois de juin et de novembre pour les beurres de qualité moyenne, tels que les beurres de Bourgogne.

Les chiffres contenus dans le tableau suivant se rapportent au kilogramme :

	1894	1893
	Francs.	Francs.
Juin.	1.85	2.10
Novembre.	1.90	2.40

On voit qu'il ne s'agit pas seulement d'une baisse passagère. Au milieu de l'année, aussi bien qu'au commencement de l'hiver, nous constatons une baisse sérieuse. Elle s'élève à 20 0/0 pour le mois de novembre 1894, lorsque l'on compare les cours de cette période à ceux de la période correspondante de l'année 1893.

En Bretagne et en Normandie, la diminution des prix est encore plus accusée, et les recettes du cultivateur se trouvent réduites.

Il semble que la dépression des prix corresponde à une réduction de nos exportations. Celles-ci ont, en effet, fléchi depuis deux ans. En voici la preuve :

EXPORTATIONS DE BEURRE FRAIS
(10 *premiers mois*),

	kilogrammes.
1894	2.387.000
1893	3.010.000
1892	4.050.000

La décroissance est manifeste, en ce qui concerne les beurres frais. Pour les beurres salés il en est de même, bien que la diminution soit moins sensible :

EXPORTATIONS DE BEURRES SALÉS
(10 *premiers mois*).

	kilogrammes.
1894	20.681.000
1893	21.749.000
1892	25.968.000

Ce sont nos exportations en Angleterre qui

paraissent surtout avoir fléchi. Les variations sont accusées par les chiffres suivants :

EXPORTATIONS EN ANGLETERRE
(10 *premiers mois*).

	1894	1893	1892
	kilogr.	kilogr.	kilogr.
Beurres frais .	62.000	250.000	654.000
Beurres salés.	16.556.000	18.197.000	22.398.000

Les statistiques anglaises accusent des diminutions analogues pour les importations d'origine française. Ce sont les beurres du Danemark et surtout ceux venant d'Australie ou de Nouvelle-Zélande qui remplacent les nôtres sur les marchés de la Grande-Bretagne. On constate également une augmentation des entrées de beurres russes en Angleterre.

Nous aurons l'occasion de traiter avec plus de soin cette question qui intéresse très vivement nos agriculteurs bretons et normands. Qu'il nous suffise de la signaler aujourd'hui.

BIBLIOGRAPHIE

On pourra consulter :

The Journal of the Board of Agriculture. N° 1. Septembre 1894. — Londres. Spottiswoode.

Pour le prix et le commerce des beurres, lire :

Documents statistiques sur le Commerce de la France, publiés par l'Administration des douanes.

Revue commerciale du Journal d'Agriculture pratique.

The Journal of the Board of Agriculture. — Voir l'article sur la Coopération et l'industrie laitière en Nouvelle-Zélande. Numéro de décembre 1894. — Londres.

XIII

Étude de M. Boutin sur la dette hypothécaire en France.
La dette hypothécaire de la propriété rurale en France,
au Danemark, en Prusse, en Suède et en Norvège. — La
question des levures employées dans la fabrication du
vin. — Communication de M. Rietsh au Congrès viticole
de Lyon. — Étude de M. Berthault, professeur à l'École
de Grignon sur la même question. — L'emploi des levures
pures en France et en Algérie.

Il a été bien souvent question de la dette hypothécaire qui grève les propriétés foncières dans
notre pays. Le dernier *Bulletin de l'Institut international de statistique* (1) contient une très intéressante étude de M. Boutin, qui se rapporte à
cet objet. Le nom de l'auteur nous est un sûr ga-
rant de la haute valeur du travail.

On sait que les créances hypothécaires doivent
toutes être inscrites sur les registres de nos conservateurs pour donner à leurs possesseurs les

(1) Tome VII, 2ᵉ livraison.

droits de « préférence » et de « suite » que confère l'hypothèque.

Il semble donc qu'il soit facile d'obtenir par un relevé général le montant de toutes les inscriptions existant à un moment donné. Rien de plus facile, en effet, bien que l'opération soit assez longue. Malheureusement, les « inscriptions » dont nous parlons ne se rapportent pas seulement à des créances certaines et déterminées, non encore éteintes par le payement.

Beaucoup d'entre celles qui figurent sur les registres des conservateurs servent de garanties à des créances éventuelles ou conditionnelles. Il arrive, également, fort souvent, que les parties intéressées négligent de demander la radiation des inscriptions relatives à des créances déjà remboursées. Enfin, un grand nombre d'inscriptions se rapportent aux soultes que doivent payer et que paient ultérieurement, sans requérir radiation, les acquéreurs d'immeubles non payés comptant.

On voit qu'il est assez difficile de préciser exactement le montant réel de la dette hypothécaire en France, à une époque déterminée.

D'après les états récapitulatifs dressés par les directeurs départementaux, le chiffre total des créances certaines et déterminées garanties par des inscriptions non rayées ni périmées s'élevait, au 31 décembre 1876, à la somme de 19.278.931.000 francs.

Il faudrait retrancher de ce total, pour tenir compte des inscriptions subsistant après extinction des créances, la somme de 5.741.931.000 francs.

En résumé, le montant réel de la dette hypothécaire s'élève à 13 milliards 500 millions de francs, en chiffres ronds.

Le Crédit foncier possédant des créances dont le total dépasse 800 millions, on voit que les hypothèques grevant les immeubles atteignent le chiffre de 14 milliards 300 millions.

En 1840, un calcul analogue avait permis d'évaluer à 12 milliards 500 millions le montant de la dette hypothécaire inscrite qui s'élève aujourd'hui à près de 20 milliards si l'on ne tient pas compte des hypothèques non radiées malgré l'extinction des créances. Voici, d'ailleurs, comment l'administration de l'enregistrement expli-

que l'augmentation de 7 milliards que nous constatons :

« Sans doute, les placements hypothécaires ne
sont pas devenus plus nombreux qu'en 1840. Les
capitaux ont recherché de préférence les placements industriels ou commerciaux, et, si la
dette hypothécaire était uniquement alimentée
par les emprunts immobiliers, il est à peu près
certain que l'accroissement signalé n'existerait
pas.

« Mais un grand nombre d'inscriptions ont
pour objet la garantie de prix de vente d'immeubles non payés comptant. Ces inscriptions sont
faites d'office par les conservateurs, lors de la
transcription des contrats d'aliénation. Depuis
la mise à exécution de la loi du 23 mars 1855,
qui a subordonné la transmission de la propriété
à l'accomplissement de la formalité de la transcription, le nombre de ces inscriptions d'office a
considérablement augmenté. Les transactions
sont elles-mêmes devenues plus fréquentes ; la
valeur vénale et le prix d'acquisition des immeubles se sont accrus, par suite, soit du développement de la richesse publique, soit de la dépré-

ciation du numéraire, soit du morcellement des propriétés... »

Comme le fait observer avec raison M. Boutin, ces observations datent de 1877, et ne peuvent être acceptées aujourd'hui que sous certaines réserves.

Voici maintenant, comme terme de comparaison, la valeur vénale des immeubles existant en France. Il s'agit, bien entendu, des *propriétés bâties et non bâties*, puisque la dette hypothécaire est supportée à la fois par ces deux catégories de biens-fonds :

	Valeur vénale.
	Francs.
Propriétés non bâties :	
Évaluation de 1879-1884	89.216.000.000
Propriétés bâties :	
Évaluation de 1837-1889. Maisons et usines.	49.321.000.000
— — Bâtiments ruraux.	6.197.000.000
Total	**144.764.000.000**

En supposant que les propriétés bâties et non bâties supportent une dette proportionnelle à leur valeur respective, on trouverait pour les terres et les bâtiments ruraux, dont le prix total s'élève à 95 milliards, un passif hypothécaire de 9 milliards 427 millions de francs.

La valeur de la propriété rurale ayant subi une diminution sensible depuis 1879, l'importance relative de cette dette s'est trouvée 'plus forte. Elle représente aujourd'hui plus de 10 0/0 du prix des immeubles grevés de ce passif.

Cette proportion n'est pas aussi considérable que celles dont on peut trouver le tableau dans le même numéro du *Bulletin de l'Institut international*, pour d'autres pays que le nôtre. Ainsi, en Prusse, des recensements, ayant porté sur un certain nombre de districts choisis dans diverses régions, nous font savoir que les dettes hypothécaires avaient l'importance suivante :

Grandes propriétés rurales. (Valeur supérieure à 100.000 marks.). . . 53 0/0 de la valeur.
Moyennes propriétés rurales. (Valeur de 20 à 100.000 marks.). . . 27 0/0 —
Petites propriétés rurales. (Valeur de 6 à 20.000 marks.) . . . . . . 24 0/0 —

Dans le Danemark, M. Gad, chef du Bureau de statistique, porte à 50 0/0 la valeur de la dette hypothécaire comparée au prix des biens-fonds ruraux.

En Suède, cette proportion serait de 43 0/0, et de 37 0/0 en Norvège.

Nous avons parlé ici même, il y a quelques mois, du rôle que jouent les levures dans la fabrication du vin (1). Cette question intéresse, à juste titre, les viticulteurs de France ou d'Algérie, et il n'est pas inutile de la signaler de nouveau à nos lecteurs.

Tout le monde sait que la transformation du jus de raisin en vin est due à l'action de ferments spéciaux appelés « levures ». La qualité du vin paraît dépendre, en partie, du développement des bonnes levures, étouffant, en quelque sorte, ou gênant dans leur travail les ferments nuisibles qui sont toujours mêlés à elles. Les beaux travaux de M. Pasteur ont déjà permis aux fabricants de bière d'améliorer la qualité de leurs produits en utilisant presque exclusivement des levures choisies. Ne serait-il pas possible d'ap-

(1) Voir l'étude de notre volume : *Questions agricoles d'hier et d'aujourd'hui*, 1re série. 1 vol. in-18; chez Alcan, éditeur. Paris.

pliquer à la fabrication du vin les procédés employés déjà avec un succès incontesté pour la fermentation des bières ?

La richesse alcoolique, la clarté et même le bouquet des vins ne peuvent-ils pas être heureusement modifiés par l'emploi de levures pures et choisies?

On comprend sans peine l'intérêt considérable du problème qu'il s'agit de résoudre.

Lors du dernier Congrès viticole, tenu à Lyon, la question des levures a fait l'objet d'une communication très intéressante de M. Rietsch, professeur de bactériologie à l'Ecole de Médecine de Marseille.

M. Rietsch démontre d'abord qu'il existe un très grand nombre de races de levures et qu'on en trouve de caractères différents non seulement d'un pays, d'une région, d'une vigne à l'autre, mais même souvent sur une seule et unique grappe. Un caractère distinctif réside dans la propriété des diverses races de levures de développer des bouquets différents. « Des expériences déjà très nombreuses ont démontré

qu'une même vendange, qu'un même moût
ensemencé avec des levures différentes, donnent
des vins différents les uns des autres, par leur
goût et leur parfum. Bien des dégustateurs ont
reconnu, ou cru reconnaître, dans le vin levuré,
un bouquet rappelant plus ou moins celui du
cru dont la levure était tirée. »

M. Rietsch examine ensuite l'amélioration des
vins par les levures. Si le bouquet dû aux levures
est encore mis en doute, leur action améliorante
sur les vins et sur la conservation des vins l'est
de moins en moins. Un grand nombre de micro-
organismes divers qui existent à la surface des
raisins, à côté d'un petit nombre de cellules de
levure de vin se développe dans le moût après le
foulage, détruisant le sucre et les autres matières
nutritives de la grappe, sans donner d'alcool,
mais en sécrétant, au contraire, des produits qui
influent désavantageusement sur le goût du vin et
qui en diminuent la valeur. « Plus la proportion
des levures de vin est faible à l'origine par rapport à tous ces autres micro-organismes, plus
les conditions deviennent défavorables, car le
moût, transformé partiellement par les moisis-

sures, est beaucoup moins apte au développement de la levure que le moût primitif. »

« En augmentant dès l'origine, c'est-à-dire dès
le moment du foulement ou de l'écrasement des
raisins, la proportion des cellules de levure de
vin, on diminue l'importance de ces fermentations secondaires, on assure une meilleure utilisation du sucre, on empêche la formation des
produits à goût désagréable ; mais il est évidemment essentiel que cette addition de levure de
vin se fasse avant que les autres microbes 'aient
eu le temps de se développer dans le moût. »

M. Rietsch ajoute que l'on ne doit pas exagérer
outre mesure les avantages à obtenir par l'addition de levures cultivées. « Il ne faut pas se
figurer que, par des levures nobles, on va transformer en grand cru un vin ordinaire. » Dans
tous les cas, il faut continuer et multiplier les
expériences en les centralisant et les comparant.

M. Perraud, professeur de viticulture à Ville-
franche, a pris la parole sur la même question et
a été plus affirmatif. D'après lui, l'emploi des
levures sélectionnées, prises dans les meilleurs

crus de Beaujolais, a produit des améliorations sensibles de la qualité des vins.

Des recherches très bien conduites ont été faites sur le même sujet par notre distingué collègue M. Berthault, professeur à l'Ecole de Grignon et directeur des domaines du Crédit foncier. Cet établissement financier étant à cette heure propriétaire de nombreux domaines ruraux et, notamment, de vignobles situés dans des régions différentes, M. Berthault a pu multiplier ses expériences. Nous ferons de nombreux emprunts à l'excellente étude qu'il a publiée dans les *Annales agronomiques* (1).

« Il est bien évident, dit l'auteur, que nous n'avons pas à mettre ici en discussion les résultats de laboratoire qui ont établi d'une façon irréfutable l'action des diverses races de levures; mais nous désirons rechercher les conséquences pratiques de leur emploi, et déterminer, si cela est possible, les conditions à réaliser pour en obtenir le meilleur résultat. »

(1) *Annales agronomiques*, dirigées par M. Dehérain, de l'Académie des Sciences, professeur à l'École de Grignon. Paris, Masson.

On voit qu'il s'agit de recherches faites dans les conditions où se trouvent habituellement les viticulteurs. C'est là un point fort important. Voici, maintenant, le résumé des expériences :

Vins Rouges. — *Domaine de Landreau (Gironde)*. — Ce domaine est situé dans l'Entre-deux-Mers, près de Bonnetau. Il donne des vins riches en couleur, corsés et à léger goût de cru.

La levure employée a été celle de saint-émilion. Pour augmenter l'efficacité du traitement, en assurant dans la vendange la prépondérance aux levures importées, on a préparé un levain. Dans ce but, on a récolté, le 6 septembre, 150 kilogrammes de raisins, et, après un lavage à grande eau et un égouttage d'un quart d'heure, on a écrasé le raisin, qui a donné 1 hectolitre de moût environ. Dans ce moût, on a ajouté 2 litres de levures.

La fermentation s'est manifestée dès le lendemain matin, et, le 8 septembre, à huit heures du matin, elle était tumultueuse.

On a alors choisi deux cuves de 20 hectolitres

chacune, placées l'une à côté de l'autre, également éloignées des ouvertures du chai, et on les a mises en chargement. Ces cuves sont ouvertes à leur partie supérieure.

Chacune d'elles a reçu, le même jour, et dans des conditions absolument identiques, 18 hectolitres de vendange ; mais dans la cuve n° 2, dont l'emplissage se faisait par couches régulières comme pour la cuve n° 1, on répartissait successivement le levain en pleine fermentation.

Dès le 9 septembre au matin, la cuve n° 2, traitée, montrait une fermentation active. Le même phénomène n'était sensible dans la cuve n° 2 que le 10.

La décuvaison a eu lieu le 15, et chaque cuve a rendu 12 hectol. 50 de vin. Les deux produits se ressemblent beaucoup. Leur richesse alcoolique est la même. Comme coloration, le vin traité se montre un peu supérieur. A la dégustation, on constate un bouquet spécial dans l'échantillon soumis aux levures.

Domaine de Château-Vigneau (Gironde). — Ce grand domaine, à terre argileuse et argilo-siliceuse, est situé à la pointe du Médoc, à Talais, dans des alluvions riches et profondes. Le vin y est peu coloré, léger, mais agréable et développant très rapidement son bouquet.

Les cuves expérimentées mesurent respectivement 60 et 72 hectolitres; elles sont foncées à leur partie supérieure, avec une simple ouverture carrée de 70 centimètres de côté. Le 28 août, on a préparé, comme dans le domaine de Landreau, un levain en mettant 2 litres de levure de saint-émilion dans 150 kilogrammes de raisin lavé, égoutté et écrasé. Le 29, on a ajouté à ce premier levain 450 kilogrammes de raisin bien lavé. Le 1er septembre, on avait une masse en pleine fermentation de 600 kilogrammes environ. On procédait alors au chargement des cuves, qui a exigé deux jours, le 1er et le 2 septembre. L'emplissage des deux récipients a été fait simultanément avec de la vendange provenant de la même parcelle et répartie, à l'arrivée au chai, dans chaque récipient. La cuve n° 2, de 72 hectolitres, a reçu le levain en pleine fermentation par arrosages successifs. Dès le 2 septembre, la fermentation était active dans la cuve d'expérience et non sensible dans la cuve témoin.

Le 3 septembre, elle était tumultueuse dans la cuve 2, et devenait sensible dans la cuve 1. Les 4, 5, 6, 7, 8 septembre, la situation reste la même dans la cuve traitée, et, dès le 5 septembre, les deux cuves sont dans le même état. A partir du 9 septembre, il y a décroissance rapide de la fermentation; mais les deux liquides sont encore sucrés: on laisse la fermentation lente achever la transformation du sucre, et, le 26 septembre, on décuve. Le n° 1 donne 45 hectol. 60. Le n° 2 donne 54 hectol. 72.

Le 5 octobre, on examine les vins; ils ont donné à l'ébullioscope exactement 11 degrés d'alcool chacun.

Le vin traité est un peu plus coloré que le témoin; le premier a un bouquet spécial.

Vins blancs. — Pour les vins blancs comme pour les vins rouges, on a préparé un levain en recueillant le moût provenant du raisin bien lavé et égoutté et en l'ensemençant avec les ferments sélectionnés.

On a ensuite ajouté à chaque récipient recevant le moût naturel une portion du levain, et on a fait en sorte d'en mettre une quantité correspondant à 1 litre de levure achetée pour 10 hectolitres de moût.

Domaine de Harandailh (Gironde). — Ce petit vignoble, situé sur la commune de Blasimon, en terre argilo-calcaire très compacte, à sous-sol argileux, imperméable, donne un vin blanc fin et estimé. Le levain préparé le 22 septembre avec de la levure de Barsac, a servi à ensemencer, le 24, les barriques bordelaises remplies de moût naturel. La fermentation a été très rapide dans les barriques traitées, plus lente dans les témoins; le 12 novembre, elle paraissait achevée. Les vins ont été dosés, et ils ont donné 12°,2 les uns et les autres.

Domaine d'Esplavis, commune d'Eauze (Gers). — Le domaine d'Esplavis est situé à la limite du Bas-Armagnac, il confine *la Tenarèse*. Les vins blancs donnent une eau-de-vie très fine. Le cépage dominant est la folle-blanche ou piquepoul du pays.

Le sol, silico-argileux, siliceux en certains points, est d'une culture facile; il appartient à l'étage géologique des sables fauves de l'Armagnac. Ce sol repose sur des masses pierreuses à ciment calcaire, dans lesquelles on rencontre abondamment l'*Ostrea crassissima*. Le 10 septembre, on a préparé un levain pour l'ensemencement du moût de 100 kilogrammes de raisin par 2 litres de levure de folle-blanche des Charentes. Le 12 septembre, le liquide était en pleine fermentation. On l'a bien remué et distribué au moût naturel, réparti dans dix bordelaises, tandis que dix autres bordelaises étaient laissées sans addition. Les vingt bordelaises étaient rangées côte à côte, de façon qu'il y eût alternativement une barrique traitée et une barrique non traitée.

Le fermentation, sensible au bout de douze heures dans les moûts ensemencés, ne l'a été qu'au bout de trente-six heures dans les moûts non ensemencés.

Le 20 septembre, toute fermentation apparente cessait.

A ce moment on a dosé 10°,3 dans les échantillons traités et 9°,4 dans les autres. Le 25 octobre, un nouveau dosage donnait :

Pour les premiers, 10°,3 ; pour les seconds, 9°,5.

Les vins traités ont un bouquet spécial. La distillation, faite le 25 novembre, a donné des eaux-de-vie à goût légèrement différent.

Voici le résumé des conclusions de l'auteur en ce qui concerne l'Algérie : « Les résultats sont à peu près négatifs. Pour les moûts de vins blancs, l'action des levures se traduit par un faible supplément d'alcool, inférieur d'ailleurs aux écarts constatés sur des vins fermentés dans les mêmes conditions.

« Les températures de fermentation et la marche des phénomènes sont identiques pour ces vases similaires avec ou sans levures.

« Au contraire, un point se dégage nettement des essais : l'avantage des petits récipients où la température se maintient plus basse que dans les grands pendant la période de fermentation, et où le vin se clarifie plus vite. »

Certes, ces conclusions ne nous donnent guère confiance dans le succès futur des tentatives faites pour améliorer les vins algériens, et les vins en général, par l'emploi des levures sélectionnées. Il nous semble que l'on aurait tort de perdre tout espoir. Certains propriétaires du midi de la France paraissent satisfaits des essais qu'ils ont tentés.

Il y a donc lieu de suspendre tout jugement avant d'être suffisamment éclairé.

BIBLIOGRAPHIE

Voir, pour ce qui concerne la question des dettes hypothécaires :

Les impôts et les dettes hypothécaires sur la propriété foncière rurale dans quelques États de l'Europe. (Extrait du *Bulletin de l'Institut international de statistique*, Rome, 1894. Imprimerie Bertero.)

Lire, à propos de l'emploi des levures : **Dictionnaire d'Agriculture**, par J. BARRAL et SAGNIER, article « Fermentation ».

Compte rendu du Congrès viticole de Lyon, 1894.

Le vin, par H. DE LAPPARENT. 1 vol., chez Gauthier-Villars. (Encyclopédie Lechalas.) 1895.

XIV

Nous avons signalé, à plusieurs reprises, les remarquables recherches de M. Dehérain sur la nitrification des matières azotées de la terre arable (1). Un article très intéressant, que vient de publier notre éminent collègue dans les *Annales agronomiques* (2) nous amène à traiter de nouveau cette question.

Le sol cultivé n'est pas, comme on pourrait le croire, une matière inerte. Les substances qu'il

(1) Voir le chapitre xxi de notre ouvrage : *Les Questions agricoles d'hier et d'aujourd'hui*. 1 vol. in-8º. Paris. Alcan, 1894. *Première série*.

(2) Paris. Masson, éditeur.

renferme sont soumises à des transformations incessantes.

On constate, notamment, que les matières azotées contenues dans la terre peuvent être *nitrifiées*, c'est-à-dire transformées en nitrates, sous l'influence d'un ou de plusieurs ferments figurés. Ces nitrates sont absorbés par les plantes auxquelles ils servent d'aliments. Malheureusement, le sol arable n'a pas la propriété de retenir ces nitrates et, par conséquent, d'en éviter la perte. Rien de plus simple que de le prouver. En versant sur un échantillon de terre une dissolution de ces sels, on constate qu'après le filtrage au travers de la masse la solution n'a pas changé de composition. La terre qui retient et absorbe les sels ammoniacaux, par exemple, laisse filtrer les nitrates. Lorsque le sol est couvert de plantes, les nitrates sont, en quelque sorte, saisis au passage, aspirés par les racines et ultérieurement assimilés. Mais si les pluies sont abondantes, et surtout si la terre reste nue, les nitrates peuvent être entraînés.

Avec eux disparaît l'azote que le cultivateur est ensuite forcé de restituer au sol à grands frais sous forme de fumures. La nitrification des matières azotées n'a pas lieu, d'ailleurs, d'une façon régulière et uniforme à toutes les époques de l'année et dans toutes les conditions. Ainsi, ce phénomène est surtout remarquable à l'automne dans les terres non fumées. D'un autre côté, il paraît certain que la trituration du sol peut accroître l'activité des ferments nitriques. Cette circonstance explique même à merveille la nécessité des façons culturales qui précèdent ou qui suivent l'époque des semailles. Non seulement, en effet, l'ameublissement du sol est utile aux plantes, qui peuvent mieux enfoncer leurs radicelles, mais encore il provoque la transformation de la matière azotée inerte du sol en nitrates assimilables.

Il résulte également de ces faits que la nitrification, particulièrement active à l'automne, c'est-à-dire au moment où la terre reste souvent nue, provoque une grande déperdition de nitrates entraînés par les premières pluies.

Aussi, remarque-t-on que les eaux de drainage des terres nues renferment à l'automne une très grande quantité de nitrates.

Pour atténuer ces pertes, et conserver dans le sol une richesse qui disparaît, il faudrait pouvoir saisir les nitrates au passage et les fixer.

M. Dehérain a pensé que les plantes elles-mêmes seraient capables de remplir cet office ; elles s'empareraient des nitrates à l'automne, et diminueraient les pertes éprouvées par les terres nues.

Il suffirait pour cela de semer, aussitôt après la récolte des céréales, une plante fourragère que l'on enfouirait ensuite. On arriverait ainsi à restituer au sol, sous forme d'*engrais vert*, des richesses gaspillées trop souvent à cette heure par ignorance. M. Dehérain a déjà publié les résultats de plusieurs expériences instituées dans le but de vérifier l'exactitude de l'hypothèse énoncée plus haut. Ces résultats sont extrêmement remarquables. Ainsi, tandis que la terre *nue*, servant de témoin, laissait couler une grande quantité d'eau contenant beaucoup d'azote nitrique, les parcelles *cultivées* ont donné des résultats tout différents.

Le poids de l'eau recueillie a été trois fois moins considérable, et, en conséquence, la perte

d'azote nitrique a été beaucoup moins sensible.
Cette expérience indiquait que les plantes sont
capables de retenir les nitrates au passage. Pour
vérifier l'hypothèse relative à l'action des récoltes dérobées d'automne, M. Dehérain mit
parallèlement en expérience deux parcelles dont
l'une portait de la vesce semée immédiatement
après le blé, et dont l'autre avait été laissée nue
après la récolte de cette céréale. Or, les pertes
d'azote nitrique ont été quatre fois plus considérables pour la parcelle qui ne portait pas de culture dérobée d'automne (vesce) que pour l'autre
parcelle cultivée de cette façon après la récolte
du blé. La conclusion de l'auteur était la suivante : « Laisser les terres sans cultures pendant
l'arrière-saison est donc une pratique extrêmement dangereuse. C'est l'occasion de pertes pouvant s'élever à 40 kilogrammes d'azote nitrique,
ou à ce qui existe dans 330 kilogrammes de ni-
trate de soude valant 76 francs. Ainsi que je l'ai
dit déjà, c'est le prix du loyer des terres de médiocre qualité dans une grande partie de la
France.

Sans doute, le lecteur comprend immédiatement la grande portée économique des observations de M. Dehérain; mais il nous fera, peut-être, cette objection :

« En réalité, les terres ne restent pas toujours « nues » après la moisson, ou après l'enlèvement des autres récoltes; elles sont couvertes par une végétation quelquefois abondante; une foule de plantes croissent spontanément sur les « chaumes » et doivent servir, précisément, à retenir les nitrates. A quoi bon, dès lors, recourir à un procédé nouveau, et pourquoi semer une légumineuse comme la vesce, puisque la végétation dont se couvre spontanément la terré doit suffire à éviter quelle ne s'appauvrisse? »

M. Dehérain a prévu cette objection, et son dernier Mémoire a précisément pour objet de repondre aux deux questions suivantes :

1° Les plantes adventices, et, notamment les graminées qui apparaissent après la moisson, sont-elles susceptibles de retenir les nitrates aussi bien que les légumineuses semées en culture dérobée ?

2° Les graminées enfouies dans le sol comme engrais vert fournissent-elles, par leur décomposition, des nitrates aussi facilement que le font les légumineuses?

La première question répond aux préoccupations du praticien qui sait avec quelle facilité les terres nues se couvrent de plantes adventices.

La seconde n'est pas moins utile, car il s'agit de savoir, en définitive, si l'on pourra, d'une façon ou de l'autre, fournir au sol ou lui conserver une plus grande quantité de nitrates.

Le problème étant ainsi posé, voici la solution double que M. Dehérain nous indique :

Il est, tout d'abord, démontré par l'expérience que les graminées retiennent très bien les nitrates. Qu'il s'agisse du blé ou des graminées de prairies, le résultat obtenu est toujours très net. Pour le prouver, M. Dehérain a cherché quelles étaient les quantités d'azote contenues dans les eaux de drainage d'une terre ensemencée en blé à l'automne. Or, ces eaux sont très pauvres en nitrates, et la cause de cette pauvreté est due à ce fait curieux que les nitrates sont retenus en nature par les racines du blé. Il en est de même pour les graminées de prairies. On a même reconnu la présence des nitrates dans les racines

de certaines plantes adventices telles que le se-
neçon, le mouron et le moutardon, qui croissent
spontanément après la moisson.

On peut même constater que les légumineuses,
comme le trèfle, retiennent les nitrates moins
bien que ne le font les graminées.

Résulte-t-il de ces faits que la culture dérobée
de la vesce soit inutile? En aucune façon. Et
cette conclusion peut être justifiée de deux ma-
nières.

Les cultivateurs ne peuvent pas toujours laisser leurs terres se couvrir d'une végétation spon-
tanée après les récoltes des céréales. La « mauvaise herbe », venant à envahir les champs,
pourrait se reproduire très aisément, et causer
un grave préjudice aux récoltes suivantes. Il
importe donc de détruire les plantes adventices
avant le moment où elles ont mûri leurs graines.

Dans ce but, on pratique fort souvent des labours dits de « déchaumage ». Or, ces façons
culturales, triturant et nettoyant le sol, ont précisément pour effet de provoquer une déperdition
des nitrates, correspondant à un appauvrisse-
ment sensible des terres cultivées. C'est ce que

disait, il y a quelque mois, M. Battanchon, professeur d'agriculture du département de Saône-et-Loire dans une communication faite au Congrès agricole de Lyon. Voici en quels termes il reconnaissait l'action nuisible des labours de déchaumage :

« Il y a une dizaine d'années, je conseillais aux cultivateurs d'employer le déchaumage, et beaucoup d'entre eux m'ont fait cette remarque : « Après moisson, nous avons essayé à plusieurs « reprises le déchaumage, et nous avons toujours « remarqué qu'à sa suite nos terres étaient, sui-« vant une expression locale, brûlées; elles étaient « stérilisées. »

« En effet, les terres laissées à l'état de pâture après la moisson donnaient, l'année suivante, de meilleures récoltes que celles où le déchaumage avait été pratiqué.

« Les travaux de M. Dehérain n'étaient pas encore achevés et j'attribuais ces résultats à des actions diverses. Or, il y a là un fait qui, aujourd'hui, m'apparaît évident : c'est que les nitrates, qui se forment pendant l'été à la faveur de l'aération provoquée par le déchaumage, sont entraînés par les pluies d'automne, et c'est alors que les cultivateurs bressans vous disent que le sol est brûlé.

« Je me suis emparé immédiatement des conseils donnés par M. Dehérain sur les ensemencements. J'ai été suivi par quelques-uns, et partout, sans exception aucune, où ces conseils ont été suivis, les déchaumages remplacés par des cultures dérobées, enfouies, les récoltes se sont montrées fortes et vigoureuses comme si elles avaient reçu un surcroît de fumier. »

Certes, le passage qu'on vient de lire prouve que les labours de déchaumage peuvent être nuisibles, mais nous voyons en même temps que là où ils sont cependant nécessaires, on corrige aisément leurs inconvénients.

Pour nettoyer le sol, et pour éviter, néanmoins, une déperdition de nitrates, il suffit d'enfouir une récolte dérobée comme l'ont fait avec succès les cultivateurs dont nous parle M. Battanchon. Cette récolte dérobée doit-elle être demandée à un semis de légumineuses ou de graminées? Au premier abord, on serait tenté de choisir les graminées, puisque ces dernières, nous l'avons vu, retiennent mieux les nitrates. En réalité, cette conclusion ne saurait être adoptée, et les faits sur lesquels M. Dehérain s'appuie pour nous le prouver sont particulièrement intéressants.

Lorsque l'on fume une terre en enfouissant des poids de luzerne (légumineuse) et de ray-grass (graminée) *renfermant la même quantité d'azote*, on constate qu'il se forme dans cette terre *des quantités de nitrates très différentes*. Voici, à titre d'exemple, le résultat d'une expérience faite au laboratoire du Muséum par M. Bréal :

AZOTE NITRIQUE FORMÉ DANS UN KILOGRAMME DE TERRE
EN MILLIGRAMMES

Terre sans engrais.	Terre fumée avec des débris de *graminées*.	Terre fumée avec des débris de *légumineuses*.
—	—	—
141.6	190.8	289.4

Tous les dosages faits dans les mêmes conditions ont donné des résultats analogues. En résumé, les terres fumées avec des débris de graminées ont toujours formé une moindre quantité de nitrates que les terres fumées avec des débris de légumineuses. Il y a plus. Après plusieurs mois d'expériences, on a dosé l'azote total contenu dans les terres fumées de façons différentes, et l'on a reconnu que celles qui avaient fourni le plus de nitrates étaient, néanmoins, les plus riches en azote.

Une autre série d'expériences instituées au laboratoire de Grignon a donné les mêmes résultats. On peut donc conclure de ces faits que l'enfouissement d'une légumineuse met à la disposition des plantes et leur conserve comme aliments une plus grande quantité de nitrates.

C'est là une très précieuse indication. Répétées dans le parc de Grignon, en grande culture, les expériences de M. Dehérain ont permis d'établir que des récoltes dérobées de vesce enfouies dès les premiers jours de novembre avaient un poids de 12.500 kilogrammes à l'hectare. Cette fumure équivaut à 15.500 kilogrammes de fumier de ferme. Il est à peine besoin de faire remarquer que cet apport d'engrais ne correspond qu'à une faible dépense.

Voici, d'ailleurs, la conclusion générale de M. Dehérain. Elle nous dispense de plus longs commentaires :

« Si la pratique des cultures dérobées d'automme devenait genérale en France, on en obtiendrait des résultats très avantageux. Nous semons du blé sur 7 millions d'hectares; si, après la moisson, chacun de ces hectares portait une culture dérobée de vesce, elle fournirait la valeur de 105 millions de tonnes de fumier, et, quand bien même la culture dérobée n'équivaudrait qu'à 10 tonnes de fumier, elle représenterait encore 70 millions de tonnes de fumier. Or, la statistique de 1882 estime la production annuelle de fumier à 100 millions de tonnes environ ; il dépendrait donc uniquement des cultivateurs de doubler la somme de matières fertilisantes dont ils disposent chaque année (1). »

On a beaucoup parlé, il y a quelque temps, de l'importation menaçante des bœufs américains.

Précisément, les documents statistiques de la douane, relatifs à l'année 1894, viennent d'être publiés, et le moment est bien choisi pour parler de nos importations de bétail.

(1) *Annales agronomiques.* Numéro de janvier 189 , page 16.

Voici, tout d'abord, les faits constatés :

En ce qui concerne les animaux de l'espèce bovine, nos achats faits durant les années 1892, 1893 et 1894 ont été les suivants :

IMPORTATIONS (COMMERCE SPÉCIAL)

Nombre de têtes.

	1894	1893	1892
Bœufs.	164.082	6.906	18.442
Vaches	10.556	7.203	7.437
Taureaux	2.041	290	500
Bouvillons.	3.646	159	1.523
Génisses	2.281	1.441	1.424
Veaux.	14.663	4.309	7.331
Totaux	197.269	20.308	36.657

Considérant seulement ces totaux, il est visible, en effet, que nos importations de bovidés se sont accrues en 1894. Elles étaient tombées à 36.000 et à 20.000 têtes en 1892 et en 1893; brusquement, elles remontent à 197.000 têtes en 1894.

Ces faits n'ont rien d'extraordinaire, et il était facile de prévoir, en effet, une augmentation du chiffre des entrées. Voici quelles ont été les

variations du prix de la viande de bœuf (1ʳᵉ qua
lité) sur le marché de la Villette, à Paris.

	Prix par kilog de viande nette à la Villette.		
	1894	1893	1892
	Fr. c.	Fr. c.	Fr. c.
Bœufs	1 69	1 50	1 52

Il est inutile d'indiquer les prix relatifs aux
autres animaux de l'espèce bovine. Les variations des cours ont été analogues. Nous voyons
que, durant les années 1892 et 1893, les prix sont
restés fort bas. Ils se relèvent brusquement, au
contraire, et se maintiennent à un niveau bien
supérieur pendant l'année 1894.

Or, nous avons fait remarquer souvent que les
importations *suivaient* les oscillations des prix,
et s'élevaient ou s'abaissaient avec eux.

Les cours se sont abaissés en 1892 et surtout
en 1893 parce que la disette de fourrages a obligé
un grand nombre de cultivateurs à vendre des
animaux qu'ils ne pouvaient plus nourrir. La
récolte de nos prairies et des plantes fourragères
ayant été abondante en 1894, le nombre des

bovidés menés sur les marchés a diminué brusquement, les prix se sont élevés, et les importations ont augmenté. L'élévation des cours exerce toujours cette influence.

Examinons, par exemple, le mouvement simultané des entrées et des prix depuis 1885 jusqu'à 1895, c'est-à-dire pendant une période décennale :

Années.	Prix du kilogr. de bœuf à Paris.	Importations de bovidés.
	Fr. c.	Nombre de têtes.
1885.	1 59	152.000
1886.	1 53	154.000
1887.	1 39	97.000
1888.	1 44	73.000
1889.	1 45	80.000
1890.	1 61	99.000
1891.	1 60	82.000
1892.	1 52	36.000
1893.	1 50	20.000
1894.	1 69	197.000

Depuis 1886 jusqu'à 1894, les prix restent bas et les importations sont faibles.

En 1894, les prix s'élèvent à *un niveau qu'ils n'avaient jamais atteint durant les neuf années précédentes*, et aussitôt les importations dépassent tous les chiffres précédemment constatés. Il faut bien remarquer, en effet, que les cours pratiqués en 1894 sont plus élevés que ceux des années antérieures. On ne peut donc pas accuser les importations d'avoir provoqué une baisse. C'est l'évidence même.

Est-il vrai que les importations *étrangères* aient beaucoup augmenté? Examinons notamment les entrées de bœufs. Voici les chiffres officiels relatifs à l'Algérie et aux États-Unis :

IMPORTATIONS DE BŒUFS (NOMBRE DE TÊTES)

	Algérie.	États-Unis.	Importations totales.
1892	15.000	170	18.442
1893	5.000	204	6.906
1894	115.000	18.406	164.082

Il est évident que la plupart des bœufs importés viennent d'Algérie, terre française. Quant aux envois faits par les États-Unis, ils ne sont vraiment notables que durant l'année 1894, *année de prix exceptionnellement élevés.*

Ces importations américaines ne représentent pas le *sixième* des importations algériennes. Par rapport à l'ensemble de notre production, elles sont encore bien moins considérables. Nous abattons, en effet, chaque année 1.840.000 bœufs ! Le bétail importé des États-Unis en 1894 représente *1 0/0* de ce chiffre. Il serait donc fort exagéré de voir dans cet envoi une menace redoutable. En tous cas, nous constatons que les bœufs américains n'ont pas fait baisser les cours.

Tout ce que nous avons dit pour les bovidés reste vrai pour les animaux de l'espèce ovine. Les importations ont augmenté en 1894, *parce que* les prix se sont élevés. Voici, par exemple, les variations des entrées et des cours depuis 1890 (pour tenir compte des importations de viande fraîche nous avons supposé que 20 kilogrammes de viande équivalaient à une tête de mouton) :

Années.	Prix du kilogr. de mouton à Paris.	Importations totales.
—	—	—
	Fr. c.	Nombre de têtes.
1890.	2 12	2.384.000
1891.	2 07	2.627.000
1892.	1 97	1.796.000
1893.	1 85	1.218.000
1894.	2 03	2.077.000

Les prix étaient encore fort élevés en 1890 et 1891 ; aussi les importations sont-elles considérables. Durant les années 1892 et 1893, années de disette fourragère, les cours fléchissent et les importations diminuent. Enfin, en 1894, les prix se relèvent soudain, et les importations augmentent ! Ce ne sont donc pas les achats faits à l'étranger qui abaissent les cours ; ce sont, au contraire, les prix élevés qui rendent possibles les importations parce qu'elles deviennent en même temps utiles et lucratives.

BIBLIOGRAPHIE

Consulter, à propos de la question des cultures dérobées d'automne et de la formation des nitrates :

Traité de Chimie agricole, par M. Dehérain, de l'Académie des sciences. 1 vol. in-8°. Paris, Masson, 1892.

Annales agronomiques, dirigées par M. Dehérain, années 1892, 1893, 1894, 1895. Paris, Masson, éditeur.

Voir pour l'étude du commerce du bétail et les variations du prix de la viande :

Études d'Économie rurale, par D. Zolla. 1 vol. Masson, éditeur. Paris, 1895.

XV

On a publié, il y a quelques mois, un gros volume qui renferme les *Résultats statistiques du dénombrement de 1891*. Ce travail très intéressant nous fournit l'occasion d'étudier une question assez mal connue du public : nous voulons parler de l'état de la population agricole, de sa constitution, et de l'importance relative des éléments dont elle se compose au point de vue professionnel. Il est intéressant d'avoir sur ces diverses questions des idées justes et des renseignements précis.

Quelle est, en premier lieu, la fraction de la population française adonnée à la profession agricole? Sur 100 habitants de tout sexe et de tout âge, on compte environ 47 personnes rattachées par la statistique officielle au groupe agricole. L'industrie rurale par excellence, celle qui a pour objet l'exploitation du sol, est donc exercée par moins de la moitié des Français. Cette proportion a, d'ailleurs, varié, et il est incontestable qu'elle diminue depuis trente ou quarante ans, avec une certaine rapidité. Les chiffres suivants nous le prouvent clairement :

	Personnes vivant de l'agriculture pour 100 habitants.
1851	56,8
1856	52,9
1861	53,1
1872	52,7
1881	50,0
1886	47,8
1891	47,3

On voit qu'il s'était produit une diminution notable depuis 1851 jusqu'à 1856. Pendant les vingt années suivantes jusqu'en 1876, la proportion nouvelle de 53 agriculteurs sur 100 habitants ne fut pas sensiblement modifiée.

Depuis 1876, au contraire, la fraction représentée par le groupe professionnel agricole a subi une nouvelle réduction ; elle est tombée de 53 0/0 en 1876, à 50 0/0 en 1881, puis à 47,8 0/0 en 1886, et, enfin, à 47,3 0/0 en 1891.

La diminution la plus sensible et la plus rapide s'est donc produite de 1876 à 1881. Depuis 1886 jusqu'à 1891, elle est, au contraire, très peu marquée. Il importe de signaler le fait pour que l'on ne puisse pas attribuer la réduction de la population agricole à la baisse des prix et à la crise générale qui en est la conséquence.

On ne peut guère affirmer, non plus, que l'industrie et surtout le commerce aient attiré la population des champs.

La statistique officielle nous montre que l'importance relative de ces deux groupes professionnels n'a pas subi de changements marqués depuis 1876. Les variations que l'on observe sont très peu sensibles en comparaison de celles qui affectent la population agricole. En voici la preuve :

	Répartition des professions suivantes pour 100 habitants.		
Années.	Agriculture.	Industrie.	Commerce.
1876	53,0	25,9	10,7
1881	50,0	25,5	10,5
1886	47,8	25,1	11,5
1891	47,3	25,8	10,7

Sauf, en ce qui concerne l'agriculture, les chiffres relatifs aux années 1876 et 1891 sont presque identiques. Nous ne saurions donc accepter sans les plus expresses réserves, l'opinion fort accréditée d'après laquelle l'industrie et le commerce tendraient à détourner de l'agriculture une partie des travailleurs ruraux.

La diminution des vocations agricoles, se traduisant numériquement par une réduction du rapport de la population agricole au nombre total des habitants, n'est pas, d'ailleurs, un fait absolument général. Lorsque l'on remonte assez haut dans le passé, en comparant, par exemple, les changements survenus dans nos départements depuis 1856 jusqu'à 1891, on s'aperçoit que la proportion des agriculteurs s'est accrue dans 14 départements. C'est ainsi que nous trouvons une augmentation considérable dans l'Aude, puis, dans la région bretonne du Morbihan, de l'Ille-et-Vilaine, des Côtes-du-Nord. A l'Ouest, citons encore la Vienne ; au Sud-Ouest, le Lot, le Gers, et, dans la vallée du Rhône, la Drôme. Aucun de ces départements (1) ne se distingue, cependant, par la richesse de sa culture ou la fertilité naturelle de son terroir. Les plus fortes diminutions de la population agricole d'une façon relative et absolue s'observent dans les régions de culture avancée et riche, surtout dans le Nord, dans l'Est ou le Nord-Est. On constate cette contraction dans l'Artois, la Picardie, l'Ile-de-France, la Lorraine, la Franche-Comté, la Bourgogne, le Bourbonnais, le Dauphiné et la plus grande partie de la Provence ou du Languedoc. Ces divisions de notre territoire sont les plus productives et les plus riches, sauf en ce qui concerne quelques districts du Sud-Est. Certes, dans la région des vignes à grande production, les ravages du phylloxéra ont pu exercer une influence très appréciable sur les variations de la population agricole, mais d'autres causes

(1) Sauf le **Lot.**

ont agi ailleurs dans le même sens. Il n'est pas impossible, croyons-nous, de déterminer ces causes, sans avoir la prétention d'en mesurer les effets avec précision. Ainsi, c'est dans le Nord et dans l'Est surtout que depuis trente ans l'outillage mécanique de l'agriculture a été très sensiblement développé et amélioré. Nous possédons, à cet égard, des données précises fournies par nos grandes enquêtes agricoles dont la plus récente date de 1882. Si l'on trace sur la carte de France une ligne partant de l'embouchure de la Seine pour aboutir au lac de Genève, les deux parties de notre territoire agricole ainsi divisé sont fort inégalement pourvues des agents mécaniques qui remplacent la main de l'homme. Le nombre moyen des batteuses, faucheuses, moissonneuses, semoirs et faneuses étant de 347 par département dans la France entière, ce chiffre dépasse toujours 2.500 et s'élève parfois à 10.000 au nord de la ligne fictive dont nous venons de parler. Il est assez naturel de penser que la population agricole a pu diminuer là où les entrepreneurs de culture ont développé leur outillage mécanique.

Sans doute, il est permis de penser que sur beaucoup de points les machines, au lieu de provoquer une diminution du nombre des travailleurs ruraux, ont simplement servi à suppléer à leur insuffisance numérique.

Cela est possible. En tout cas, on constate que la contraction de la population agricole coïncide, dans les régions indiquées plus haut, avec un développement très marqué de l'outillage mécanique. Il est également intéressant de constater que le même phénomène s'est produit dans les régions où l'extension des cultures fourragères combinée avec le développement de l'élevage a permis de réduire la main-d'œuvre. Depuis trente ans, notre production fourragère s'est accrue de 25 0/0. Elle a été notamment très développée dans le Nord, le Nord-Est et même dans le Centre, c'est-à-dire dans l'Artois, la Flandre, la Lorraine, la Bourgogne, une partie de la Franche-Comté, et particulièrement dans le Bourbonnais et le Nivernais. Or, c'est précisément dans ces régions que nous avons constaté une réduction de la population agricole comparée aux autres groupes professionnels.

On pourrait croire que le développement de l'outillage mécanique, de l'extension des opérations d'élevage, d'engraissement ou de production laitière, a eu pour effet de déprimer les salaires ruraux. Il n'en est rien. Lorsqu'on examine parallèlement deux cartogrammes retraçant avec leur clarté habituelle, 1° les variations des salaires ruraux suivant les régions de la France, 2° les variations du rapport de la population agricole à la population totale de chaque département, on arrive à formuler la conclusion suivante :

Les salaires sont toujours plus élevés là où la classe des agriculteurs est moins nombreuse par rapport aux autres groupes professionnels.

En Bretagne, par exemple, où sur 100 habitants on trouve de 60 à 70 agriculteurs, les salaires ruraux sont fort bas. Il en est de même en Auvergne. A l'inverse, dans l'est de la France et dans le nord, où le rapport de la population agricole à l'ensemble des habitants tombe très souvent au-dessous de 40 0/0, les salaires sont fort élevés relativement.

A coup sûr, la contraction de la population

agricole n'a pas exercé seule une influence sur le taux des salaires, en diminuant le nombre des travailleurs, c'est-à-dire l'offre de travail. D'autres causes ont pu agir dans le même sens.

Ainsi, c'est à l'Ouest, dans la Bretagne, la Vendée, le Maine et l'Anjou, que l'on trouve le moins de propriétaires-cultivateurs, alors que dans l'Est, au contraire, on en rencontre un très grand nombre. Cette circonstance exerce une influence certaine sur le taux des salaires. Le fait même que nous avons signalé n'en reste pas moins exact et curieux.

Pour achever de comprendre à quels faits se trouvent liées les variations du chiffre de la population agricole comparée à la population totale, il nous faut étudier maintenant les changements qui se sont produits dans la constitution de la classe professionnelle agricole. L'intérêt de cette question est plus grand qu'on ne serait tenté de le croire tout d'abord.

Voici, par exemple, l'importance relative des éléments principaux de la population agricole en 1862 et 1882 d'après nos statistiques agricoles.

	1862	1882
Propriétaires-cultivateurs. .	1.812.000	2.150.000
Fermiers et métayers. . . .	1.440.000	1.309.000
Régisseurs	10.000	17.000
Journaliers.	2.003.000	1.480.000
Domestiques de ferme . . .	2.095.000	1.954.000
Totaux.	7.360 000	6.910.000

Il est évident, *a priori*, que le nombre de ces agriculteurs ayant des rôles distincts a varié de façons très différentes.

Le nombre des propriétaires-cultivateurs s'est, notamment, accru très rapidement. Il a passé de 1.812.000 en 1862, à 2.150.000 en 1882, malgré la perte de l'Alsace où l'on en comptait beaucoup ainsi qu'en Lorraine. Aujourd'hui même, ou, tout au moins, en 1891, d'après le dénombrement officiel, l'effectif des « propriétaires faisant valoir » serait de 2.231.000 en chiffres ronds. Depuis 1862 jusqu'en 1892, c'est-à-dire en trente ans, l'accroissement absolu serait de plus de 419.000, ou l'accroissement relatif dépasserait 23 0/0 ! Voilà certes un fait indéniable, à notre avis, et qui réfute victorieusement la thèse socialiste d'après laquelle le « travailleur » rural serait exproprié par la nouvelle « féodalité » terrienne.

A l'inverse, nous voyons que le nombre des fermiers et des métayers diminue. Il tombe de 1.440.000 en 1862, à 1.309.000 en 1882. Le dénombrement de 1891 nous révèle encore une réduction, et abaisse le chiffre précédent à 1.192.000.

La plus forte diminution porte sur les ouvriers et domestiques de ferme. On en comptait :

<pre>
En 1862. . . . .   4.098.000
En 1882. . . . .   3.434.000
</pre>

En 1891, ce nombre paraît être encore plus faible, mais nous ne savons s'il convient de le comparer aux précédents, les statistiques ayant été probablement dressées de façons différentes.

Il ressort, cependant, très visiblement des faits indiqués, que la réduction du nombre des salariés agricoles a été extrêmement notable depuis trente ans. C'est là certainement l'indice d'une situation nouvelle et d'une remarquable évolution des méthodes d'exploitation du sol. L'accroissement du nombre des propriétaires-cultivateurs n'est pas regrettable, et il ne prouve pas que les populations rurales soient prêtes à abandonner les champs pour les villes. La réduction du nombre des métayers ou des fermiers s'explique elle-même par l'augmentation du faire-valoir direct. Quant à la diminution de l'effectif des salariés, elle peut être considérée comme étant aussi une conséquence du développement de la petite propriété. Elle coïncide également avec les efforts manifestes que nous avons signalés plus haut et qui ont pour objet de remplacer une main-d'œuvre coûteuse par des agents mécaniques, ou de substituer aux anciens systèmes de culture d'autres méthodes d'exploitation faisant une plus large part à l'élevage du bétail ainsi qu'à la production laitière, avec extension des surfaces consacrées aux fourrages.

Nous venons d'étudier et d'analyser rapidement un phénomène économique important : la réduction graduelle de la population agricole de la France par rapport à l'ensemble des groupes professionnels. Avant de signaler quelques autres faits caractéristiques qui distinguent la classe agricole des autres catégories de la population, il est utile d'indiquer la situation de notre pays au point de vue spécial que nous avons choisi.

Quelle est à l'étranger la fraction de la population représentée par la classe des cultivateurs de toutes catégories ?

Voici les indications empruntées aux documents les plus récents :

	Proportion % de la population agricole comparée à la population totale.
Autriche	55,5
France	47,3
Allemagne	42,6
Danemark	46,9
Italie	35,9
Belgique	34.0
Hongrie	28,9

En Angleterre, le cadre de la statistique des professions étant différent du nôtre, les comparaisons sont assez malaisées. Toutefois, en ajoutant au groupe agricole la « famille » que nos voisins n'ont pas cru devoir lui joindre, le rapport général ne dépasse pas 15 0/0. Aux Etats-

Unis, d'après le Census de 1889, cette proportion atteint seulement 44 0/0. Il est donc certain qu'à cette heure encore la France est une des nations chez lesquelles la population agricole présente le plus d'importance relativement aux autres classes. A une époque où l'on signale, le plus souvent avec regret, l'émigration des campagnes vers les villes, il n'était pas inutile de rappeler ce fait à ceux qui pourraient l'avoir oublié.

En parcourant avec beaucoup d'intérêt l'introduction qui précède les tableaux du dénombrement de 1891, notre attention a été attirée par quelques observations d'une grande portée. Si l'on étudie, en effet, la constitution de la population agricole, on reste frappé du nombre très considérable de ceux qui occupent la situation de chefs d'entreprise ou de patrons par rapport à l'ensemble de la population. Ce trait est caractéristique et distingue nettement l'agriculture de l'industrie proprement dite.

Voici, par exemple, les proportions que nous empruntons au volume officiel. (Il s'agit, dans chaque groupe professionnel, pour 100 personnes

du nombre respectif, des patrons, employés et
ouvriers) :

	Agriculture.	Industrie.
Patrons	20,5	10,7
Employés	0,4	2,2
Ouvriers	16,6	31,8

Ainsi, dans le groupe professionnel de l'agriculture, on trouve 20 patrons en présence de
16 ouvriers ou domestiques de ferme, le mot
« ouvrier » désignant également cette catégorie
de salariés.

Dans l'industrie, non seulement on rencontre
plus d'ouvriers que de patrons, mais le nombre
de ces derniers n'est pas égal au *tiers* du nombre
des ouvriers ! Cette différence, on peut dire même
ce contraste, explique à merveille les tendances
et la nature d'esprit de la classe ouvrière dans les
deux groupes. Le nombre si considérable des
patrons agricoles est une garantie d'ordre, d'en-
tente et de paix. Parmi ces ouvriers ruraux, combien en est-il qui ne caressent pas l'espoir de
devenir à leur tour chefs d'entreprise ? Combien
n'en compte-t-on pas, en effet, qui hériteront

demain d'un champ ou d'une exploitation rurale tout entière, si modeste qu'elle soit?

Ceux-là mêmes qui n'ont pas pareille fortune à espérer savent que l'on peut devenir patron à fort bon compte en agriculture. Nous connaissons, pour notre part, un grand nombre de métayers ou de vignerons dont le mince capital « d'exploitation » n'a pas exigé de bien longues années de travail et de soigneuse économie pour être recueilli. Le propriétaire a fourni lui-même la plus grosse part (1).

Il s'agit d'un contrat d'association passé entre ce seigneur terrien et le futur patron qui était hier un salarié ! Cette transformation n'a coûté ni efforts surhumains, ni larmes, ni révolution. Combien est différente la solution que voilà de celle qu'indique l'auteur de cette longue phrase : « L'exploitation de la terre qui jusqu'ici a été la source d'une concurrence féroce, de ruines, de misères sans nom et sans nombre, nous la confions, unitairement, aux syndicats agricoles fédérés nationalement et internationalement ; elle se

____

(1) Voir le dernier chapitre de ce volume.

fera sur les bases d'une organisation méthodique
et scientifique, conformément aux besoins premiers de la population, à la nature, la composition et la disposition spéciales du sol; et cela
avec un machinisme de plus en plus perfectionné
qui épargnera aux hommes le dur labeur muscu-
laire, créant ainsi des loisirs dont le résultat sera
l'épanouissement parfait et harmonieux des
facultés morales et intellectuelles. »

Ah! qu'en termes galants ces choses-là sont mises !

Nous demeurons, cependant, persuadé que
l'exploitation du sol est accessible aux salariés,
même sans la confier, « unitairement, aux syndicats agricoles fédérés nationalement et internationalement... »

Une industrie comme l'agriculture française,
où le nombre des patrons dépasse largement
celui des ouvriers, et où le bataillon des propriétaires grossit, tous les dix ans, de 12 à 13.000 re-
crues, nous paraît fort bien engagée dans la voie
du progrès social. Ne faut il pas savoir gré à la
statistique de nous permettre de l'affirmer ?

BIBLIOGRAPHIE

On pourra consulter :

La Population, par M. E. Levasseur, de l'Institut.

Résultats statistiques du dénombrement de 1891.
1 vol. Imprimerie nationale, 1894.

Statistique agricole de la France. 1 vol. Berger-
Levrault. Paris, 1887.

XVI

La pluie vient de tomber ; elle a fort heureusement rassuré nos agriculteurs qui redoutaient, non sans raison, les conséquences fâcheuses d'une trop longue période de sécheresse. Il est, néanmoins, intéressant de parler des plantes fourragères qui peuvent fournir une précieuse récolte au cultivateur durant les années semblables à celle qui vient de s'écouler. Nous trouvons précisément à ce sujet, dans l'un des derniers numéros des *Annales agronomiques* (1), un

(1) *Annales agronomiques*, dirigées par M. P.-P. Dehérain, de l'Institut, professeur à l'École de Grignon. Masson, éditeur. Paris. Année 1894.

intéressant travail de M. Schribaux. Ce dernier indique les résultats de nombreuses expériences de grande culture relatives à la *vesce velue*. Cette légumineuse se distingue des autres vesces, déjà connues et utilisées en France depuis fort long-temps, par des qualités spéciales.

C'est en Allemagne qu'on l'a cultivée tout d'abord comme plante fourragère. M. A. Jordan, de Schermen aux environs de Magdebourg, l'a étudiée et propagée l'un des premiers, il y a une quinzaine d'années. Julius Kuhn la recommanda, lui aussi, aux agriculteurs allemands, et, en 1888, Blomeyer, directeur de l'Institut agri-cole de Leipzig, montra par des expériences intéressantes qu'on peut obtenir, grâce à son emploi, des récoltes considérables de fourrages.

Jusqu'alors, on avait hésité à utiliser les vesces ordinaires d'une façon régulière, et sur-tout exclusive. Semées, en effet, soit à l'automne, soit en hiver, ces légumineuses sont destinées à être fauchées au printemps. La levée des graines peut être irrégulière ou mauvaise, et la récolte compromise met le cultivateur dans le plus fâcheux embarras. Il semble préférable, en général, de semer du trèfle, de la luzerne ou du sainfoin, et de suppléer seulement, au moyen des vesces, à l'insuffisance d'un semis mal venu. « La vesce, dit un excellent agronome, est un fourrage supplétif, et non un fourrage fondamental. C'est un expédient, et non un système. » De plus, les vesces ordinaires ne s'accommodent guère des terres sablonneuses, sèches ou très humides.

Il en est autrement de la vesce velue dont nous parle M. Schribaux. Cette plante résiste aux plus fortes sécheresses, aux hivers les plus rigoureux, et végète vigoureusement dans des terres pauvres, sablonneuses et sèches. La racine possède un pivot pénétrant dans le sol à une profondeur de plus d'un mètre, et pouvant ainsi aller puiser fort loin l'eau nécessaire au développement de la plante.

Insistons tout d'abord sur ces deux points : 1° résistance notable à la sécheresse et au froid ; 2° faculté de développement dans les terres de médiocre qualité.

« En 1893, dans une mauvaise terre à seigle, dit M. Schribaux, j'ai récolté, le 7 avril, 15.000

kilogrammes de fourrage vert à l'hectare ; malgré la sécheresse persistante, la plante a repoussé et produit des graines. Du trèfle incarnat, semé en comparaison, atteignit à peine 10 centimètres de hauteur et sécha sur pied. La même année, dans une très bonne terre, M. Bichier, agriculteur au Chesnay près de Versailles, obtenait d'une première coupe effectuée, du 25 mars au 5 avril, 20 à 25.000 kilogrammes de fourrage vert ; le 8 juin, une seconde coupe livrait 40.000 kilogrammes, soit, en tout, 60 à 65.000 kilogrammes.

Voici, maintenant, ce qui concerne la résistance aux grands froids. — Durant l'hiver 1891-1892, la vesce velue a parfaitement résisté dans les mauvaises terres siliceuses de Joinville-le-Pont, et a donné une récolte de 26.500 kilogrammes. Les vesces ordinaires et le trèfle incarnat ont été, au contraire, détruits, même dans le midi de la France (1). Plusieurs agriculteurs ont noté également avec satisfaction des faits analogues : dans

(1) Nous devons dire qu'à l'École de Grignon la culture de la vesce velue a donné de très médiocres résultats. Ailleurs, on a constaté plusieurs insuccès. Il convient donc de tenter des essais sur un domaine avant de consacrer à la vesce velue des surfaces considérables.

la Haute-Loire, l'Isère et la Lorraine. Les rares mécomptes observés paraissent tenir, soit à l'emploi de mauvaises semences, soit au développement trop hâtif de la plante avant l'hiver. Pour obvier à ce dernier inconvénient, il suffit de faucher la plante vers le milieu d'octobre.

Pour mieux observer la faculté que possède la vesce velue de végéter avec vigueur dans les sols pauvres, M. Schribaux a institué différentes expériences dont les résultats ont été concluants.

Voici l'analyse des terres rapportées où l'on a cultivé cette plante :

	Éléments dans un kilogr. de terre			
	Chaux.	Azote.	Acide phospho- rique.	Potasse.
Terre siliceuse des Landes . .	1,78	0,39	0,10	0,37
Terre argileuse des Dombes .	6,72	0,56	0,68	0,84
Terre argileuse du Gault. . .	2,83	1.54	0,38	4,42
Terre granitique du Limousin.	6,19	0,74	0,89	3,91
Terre calcaire de Champagne.	271,46	2,46	1,52	1,99

Les engrais répandus à l'hectare ont été les suivants :

Phosphate précipité	450	kilogrammes.
Chlorure de potassium. . . .	200	—
Plâtre.	450	

La vesce velue, semée à la fin de juin 1892, a été récoltée le 23 août, et les rendements furent :

Sur la terre granitique du Limousin. 16.150 kilogr.
— la terre argileuse du Gault . . . 14.500 —
— la terre argileuse des Dombes. . 8.450 —
— la terre siliceuse des Landes . . 6.920 —
— la terre calcaire de Champagne . 5.800 —

Des essais tentés à nouveau sur les mêmes terres, sans fumure, ont donné des résultats plus satisfaisants en ce qui concerne les trois premières terres.

L'usage de la vesce en grande culture a été couronné de succès dans plusieurs exploitations citées par M. Schribaux. Dans l'Ain, à Saint-André-le-Bouchoux, M. Bredin a ensemencé *100 hectares*, en 1893, et obtenu une récolte de 18.000 kilogrammes par hectare. — L'emploi, comme fumure complémentaire, du chlorure de potassium (300 kilogrammes par hectare), et des scories de déphosphoration (1.500 kilogrammes à l'hectare) a permis d'obtenir sur les mêmes terres un rendement de 40.000 kilogrammes de fourrage vert.

A Beaumont, dans l'Aube, sur une terre très

calcaire, puisqu'elle renferme 16 0/0 de chaux, M. Bredin a semé également de la vesce velue au mois d'août. Le rendement s'est élevé à 14.200 kilogrammes par hectare, tandis que les vesces ordinaires, la luzerne et le trèfle produisaient seulement, 2.315, 2.400 et 2.800 kilogrammes.

Sur certains sols, cependant, et surtout lorsqu'il s'agit de terres calcaires, la vesce velue ne paraît pas réussir.

M. Schribaux signale quelques échecs dans la Haute-Marne, et il ajoute avec raison qu'il sera prudent de se livrer à des essais sur de petites surfaces pour être sûr que les semis réussiront sur des étendues considérables.

Avant de parler des qualités nutritives de la nouvelle plante fourragère, signalons encore sa précocité. Semée à l'automne, elle se développe lentement; les feuilles de cette espèce de vesce s'appliquent contre le sol et la récolte future paraît compromise. Mais, dès que la température devient plus douce, la végétation est vigoureuse, et, dans la première quinzaine d'avril, on peut obtenir une première coupe. Si l'on a soin de faucher avant la floraison, il est possible d'avoir une

seconde coupe. La vesce velue est donc très pré-
coce, et on peut, encore après l'avoir récoltée,
préparer le sol pour les betteraves ou les pommes
de terre. Elle constitue, enfin, un excellent engrais
vert. Nous avons signalé ici à plusieurs reprises
les expériences si instructives de notre éminent
collègue, M. Dehérain, sur les pertes d'azote
nitrique des terres nues. Ces pertes peuvent
être, en grande partie, évitées par des cultures
dérobées d'automne qui s'emparent des nitrates
formés et entraînés par les eaux de pluie. On peut
employer la vesce velue à cet usage. Semée à
l'automne, cette légumineuse donne une première coupe qu'on a la faculté d'*ensiler*, et la
seconde récolte peut être enfouie comme un
engrais vert. « En outre, ajoute M. Schribaux
avec raison, la première coupe consommée en
vert permettrait de nourrir un plus grand nombre
d'animaux, tandis que la seconde profiterait au
blé qui vient en tête de l'assolement. M. Bredin,
en procédant de cette façon, *a pu doubler le
nombre de têtes de bétail de son exploitation des
Dombes, et augmenter* la production en blé, à peu
près dans la même proportion. Notons de plus

que l'engrais vert améliorerait les propriétés physiques du sol tout en l'enrichissant, et que la vesce, grâce à son couvert épais, étoufferait plus de mauvaises herbes que n'en détruisent les labours de jachère pratiqués par les petits cultivateurs. »

Depuis longtemps, nous savons que les vesces constituent un fourrage riche en protéine. La vesce velue est, paraît-il, plus riche encore.

Voici à ce sujet des analyses citées par M. Schribaux :

VESCE VELUE

	%
Matières azotées	22,78
Matières grasses	2,64
Extractifs non azotés	39,03
Cellulose	23,25

Wolff donne, d'autre part, dans ses tables, la composition suivante pour trois légumineuses fourragères :

	Trèfle incarnat.	Vesce commune.	Trèfle des prés.
Matières azotées	12,2	14,2	12,2
— grasses	3 »	2,5	2,2
Extractifs non azotés	32,6	32,8	38,2

La vesce velue peut donc être considérée comme un fourrage riche en protéine.

Un habile agriculteur dont nous avons déjà cité le nom, M. Bredin, s'est servi avec avantage de la vesce velue ensilée, et consommée par des bœufs à l'engraissement. La ration était constituée par 20 kilogrammes de fourrage ensilé et 15 kilogrammes de pommes de terre. Cent cinquante bœufs ont été ainsi nourris et engraissés dans d'excellentes conditions. Quant à l'ensilage dont nous venons de parler, il est pratiqué simplement à l'air libre, par l'entassement en meules d'une longueur de 20 mètres sur 5 mètres de largeur et 5 mètres de hauteur. La compression est assurée par des caisses remplies de gros cailloux avec supplément de charge sur les bords pour éviter les fermentations au contact de l'air, et les pertes de fourrage corrompu sur une trop grande profondeur.

La vesce velue se sème à toutes les époques de l'année, c'est-à-dire qu'à ce point de vue ses exigences ne sont pas grandes. Nous n'avons pas à nous étendre sur les façons préparatoires, puisque la culture des vesces est déjà connue en France.

On sème environ, d'après M. Schribaux,

60 kilogrammes de graines et 40 kilogrammes de seigle ou de blé pour soutenir les tiges, qui sont rameuses et tombantes. Les engrais doivent évidemment varier avec la composition du sol, et nous avons vu pourtant que dans l'Ain, à Saint-André-le-Bouchoux, le chlorure de potassium, associé aux scories de déphosphoration, avait produit d'excellents effets. Ce n'est pas là une règle immuable, et, ailleurs, il conviendra d'expérimenter avec d'autres fumures complémentaires.

Jusqu'à présent, les graines de la nouvelle légumineuse sont restées fort chères. La maison Vilmorin, par exemple, cote cette semence 240 francs les 100 kilogammes, ce qui est un prix très élevé. Il est donc utile de produire la graine à la ferme. On doit récolter de préférence cette semence sur les tiges d'une seconde coupe, Sans cette précaution, les tiges, très vigoureuses dès le début, tombent à terre, et la floraison comme la maturité ne sont pas satisfaisantes.

M. Schribaux a constaté chez plusieurs cultivateurs des récoltes de 1.000 kilogrammes de graines à l'hectare. On coupe d'ordinaire ainsi que pour nos vesces déjà connues, dès que les gousses inférieures changent de teinte. Les tiges sèchent en javelles pendant deux ou trois jours, et on les rentre pour les battre avec soin. La graine est d'une couleur brun foncé, globuleuse, et son diamètre est d'environ trois millimètres.

« Elle ressemble à du plomb de chasse, dit M. Schribaux, et ce caractère mérite d'être retenu par les cultivateurs auxquels on livre fréquemment pour de la vesce velue des vesces sauvages qui empoisonnent leurs terres ou des vesces communes de petit calibre. »

L'élevage des Moutons en Tunisie

Le distingué directeur de l'agriculture en Tunisie, M. Bourde, vient de publier un rapport très intéressant sur l'élevage du mouton dans la Régence; et, à la suite des études auxquelles il s'est livré, des mesures ont été prises pour favoriser cette industrie. Nous croyons donc utile de traiter cette question en peu de mots.

Il est, tout d'abord, facile de constater que la

Tunisie pourrait nourrir un nombre de moutons de beaucoup supérieur à l'effectif constaté aujourd'hui. M. Bourde pense que l'étendue et la valeur des pâturages de la Régence permettraient d'élever un troupeau égal au quart de celui que possède l'Algérie, soit 2.500.000 animaux en chiffres ronds. Or, les renseignements fournis par les contrôleurs civils ne permettent pas d'admettre qu'il y ait, à cette heure, plus de 1.200.000 à 1.300.000 moutons dans notre pays de protectorat. D'autre part, les exportations en France diminuent au lieu d'augmenter, malgré l'exemption des droits de douane assurée par la loi du 19 juillet 1890. L'Algérie, au contraire, envoie chaque année dans la métropole près d'un million de moutons.

Voici, d'ailleurs, les chiffres les plus récents relevés sur les tableaux officiels du commerce extérieur spécial :

EXPORTATIONS DE MOUTONS ALGÉRIENS EN FRANCE

1891	931.000 têtes.
1892	901.000 —
1893	778.000 —

EXPORTATIONS DE MOUTONS TUNISIENS EN FRANCE

1891 . . . . 749 têtes.
1892 . . . .   3 —
1893 . . . . 25 —

L'écart est, comme on le voit, très considérable et fort surprenant tout à la fois. On peut expliquer assez facilement les faits constatés. Les éleveurs tunisiens ne produisent guère que des moutons à grosses queues, variété classée dans la dernière catégorie par la boucherie française. Les prix de vente sont donc inférieurs, et les acheteurs eux-mêmes délaissent le mouton tunisien auquel ils préfèrent son rival d'Algérie. La conséquence à tirer de ces indications c'est qu'il y aurait un véritable intérêt à substituer progressivement les barbarins d'Algérie à la variété dépréciée que l'on élève actuellement dans la Régence. Sans doute, quelques colons français ont déjà opéré cette substitution, ou élevé d'autres espèces. « Mais, dit M. Bourde, il faut compter que pendant bien longtemps, peut-être toujours, l'indigène restera le principal producteur de moutons de la Régence. » Les Tunisiens pratiquent l'élevage à grande transhumance, sans abri, sans réserves de fourrages. On ne peut donc songer à introduire dans les pâturages tunisiens des espèces non rustiques, et il est, d'autre part, important d'éliminer le mouton à grosse queue.

« Précisément, dit M. Bourde, au moment où nous commencions notre enquête, M. Viger, député du Loiret, aujourd'hui ministre de l'Agriculture, se rendait en Algérie pour y procéder à une enquête sur la question ovine. Son rapport a fait sensation dans la colonie, et la presse agricole s'y est unanimement approprié ses conclusions ; elles contiennent les indications les plus nettes sur la solution que nous cherchons. M. Viger est d'avis que, tant que les Arabes, qui suivent le système de la grande transhumance, n'auront ni abri ni approvisionnements de fourrages, et ne castreront pas les béliers inférieurs mêlés à leurs troupeaux, toutes les tentatives pour mettre en leurs mains une race plus perfectionnée que le mouton algérien à queue fine, qu'il élève actuellement, ne pourraient constituer qu'une dépense inutile et une innovation peut-être dangereuse. Les éleveurs indigènes ayant les mêmes habitudes en Tunisie qu'en Algérie, il s'en suit que la seule race supérieure à la race barbarine à grosse queue qu'on doive essayer de répandre parmi eux est la race barbarine à queue fine d'Algérie. Elle seule est assez rustique pour supporter les fatigues et les privations auxquelles sont exposés les animaux. »

Il est, d'ailleurs, certain que les moutons algériens peuvent être acclimatés en Tunisie. Des éleveurs indigènes mieux avisés que leurs compatriotes ont pratiqué cet élevage. Pour favoriser ce mouvement, la direction de l'agriculture tunisienne a exempté de tous droits de pâturage sur certaines propriétés domaniales les seuls moutons à queue fine. En outre, un décret beylical du 19 mars 1893 a décidé que la direction de l'agriculture mettrait à la disposition des éleveurs, au prix coûtant, des béliers et brebis de la race algérienne à queue fine. A titre d'encouragement le gouvernement prend à sa charge les frais de transport de ces animaux et les pertes faites pendant le voyage.

Enfin il convenait de se préoccuper dès à présent de l'amélioration des races de moutons entretenues dans les fermes européennes, ou dans les domaines indigènes bien dirigés. Les moutons algériens, eux-mêmes, ne sont pas classés dans les premières catégories, et il reste avantageux de les remplacer par d'autres animaux plus appréciés.

Pour rendre l'acclimatation plus facile, M. Viger conseillait, dans son rapport, d'utiliser les mérinos provenant des anciennes bergeries nationales de Perpignan et d'Arles.

Ce conseil donné aux éleveurs algériens pouvait être également considéré comme excellent en ce qui regarde les agriculteurs tunisiens. Les mérinos dits de la Crau, dont les souches venaient directement d'Espagne, se rapprochent des anciens mérinos de grande transhumance, connus sous le nom de race de l'Escurial. « Ces ovidés, disait M. Viger, sont capables de supporter des températures très élevées, les fatigues et les privations de longs voyages. »

En Tunisie même, des essais ont déjà été tentés et ont donné des résultats fort satisfaisants.

Pour hâter la substitution dont nous parlons, dans les fermes européennes ou indigènes les mieux dirigées, le décret du 19 mars 1893 dispose que des béliers mérinos de la Crau seront mis à la disposition des éleveurs dans les mêmes conditions que les reproducteurs algériens à queue fine, dont nous parlions plus haut.

« En résumé, dit M. Bourde, à la fin de son excellente étude, le programme de l'amélioration de la race ovine en Tunisie se trouve tracé avec toute la précision désirable, et peut se résumer ainsi : substitution de la race barbarine à queue fine à la race barbarine à grosse queue, dans l'élevage indigène ; croisement de la race mérinos de la Crau avec la race barbarine à queue fine dans les fermes françaises et dans les exploitations conduites à l'européenne. »

Ce programme nous semble, en effet, fort bien rédigé, et nous serons heureux d'étudier les effets de son application après avoir signalé le mérite des innovations qu'il renferme.

BIBLIOGRAPHIE

Pour étudier la question de l'élevage du mouton en Tunisie, on pourra se reporter à la brochure de M. Bourde, directeur de l'Agriculture, à Tunis :

De l'Élevage du mouton en Tunisie.

Voir aussi, à propos des questions relatives aux choix des races et à l'acclimatement :

Traité de Zootechnie, par A. Sanson, professeur à l'École de Grignon, tome V. Paris, librairie de la Maison rustique.

XVII

La baisse des prix et la concurrence étrangère. — Les importations et les prix. — La question monétaire. — La baisse de l'argent et les variations des prix dans l'Inde.

La baisse du prix des principales denrées agricoles est très sensible depuis une dizaine d'années. Ce phénomène économique si important préoccupe à juste titre les agriculteurs parce qu'il a pour conséquence de réduire les profits attachés à l'exploitation du sol. La dépression des cours diminue, en effet, la valeur du produit brut, et, comme les frais de culture n'ont pas subi, à beaucoup près, la même réduction, il est certain que les gains réalisés par l'entrepreneur de culture sont devenus moins considérables. Sans doute, le loyer de la terre a rapidement diminué, mais cette baisse, qui provoque, d'ailleurs, des plaintes très vives de la part des propriétaires fonciers, ne peut pas compenser la réduction du prix des denrées. En outre, les salaires des ouvriers ou les gages des domestiques sont restés presque stationnaires ; parfois même ils se sont élevés. La situation des cultivateurs est donc devenue singulièrement difficile, et l'on comprend sans peine qu'ils aient cherché les causes de cette baisse étrange survenant brusquement après une longue période de hausse ou de prix très élevés. Pour expliquer ce phénomène nouveau, cette calamité imprévue, on a signalé l'influence de la concurrence étrangère. Rien de plus naturel. C'est donc la mise en culture des pays neufs, le développement de la production des céréales dans le monde, que l'on a, tout d'abord, accusés, et l'on ne pouvait manquer de montrer que l'augmentation rapide de la production agricole dans les « pays neufs » coïncidait avec un merveilleux développement des moyens de communication. L'abaissement des prix de transport a, d'ailleurs, complété cet ensemble de transformations, et il paraissait bien naturel d'attribuer à la concurrence étrangère une action décisive sur la marche du prix des denrées. Il ne nous paraît pas douteux, en effet, que le développement de la production agricole en Amérique, en Asie, ou même en Afrique ait exercé cette influence. Ce que nous ne saurions admettre, c'est que la concurrence étrangère ait seule provoqué ce phénomène. La baisse des cours n'est pas spéciale aux produits agricoles dont le prix paraît dépendre directement de la production dans les pays extra-européens.

Nous avons déjà signalé ce fait, il y a cinq ans, dans notre « Etude sur le commerce des produits agricoles en France et à l'étranger (1) ». — « Il est possible, disions-nous, que la concurrence des pays neufs ait fait baisser le prix de certains produits, comme la laine, les céréales, les graines oléagineuses, etc., mais il ne faut pas oublier que la baisse des prix est un phénomène général, dans l'Europe entière, et qu'elle affecte les produits industriels aussi bien que les denrées agricoles, les matières minérales aussi bien que les matières premières, d'origine animale ou végétale. »

(1) *Annales agronomiques*, numéros de septembre-octobre 1890. Voir, également, notre dernier volume, *Études d'Économie rurale*. Paris, Masson, 1895.

Voici, par exemple, un tableau instructif, qu'a publié le docteur Sœtber, et qui montre bien les fluctuations des prix depuis la période de 1871-75.

	1871-75	1881-85	1888
Produits agricoles	100	90	68
Matières animales	100	95	83
Produits du Midi	100	102	90
Produits coloniaux	100	91	88
Produits minéraux	100	63	64
Matières textiles	100	79	64
Divers	100	79	64
Exportations anglaises (cotonnades, lainages, etc.)	100	81	75
Moyenne de 114 articles	100	88	76

On voit combien ces produits sont variés et nombreux. Il s'agit de 114 marchandises de diverses natures. La baisse moyenne des prix s'élève à 24 0/0 en 1888, par rapport aux cours de la période 1871-1875. Le cours des produits ruraux paraît avoir diminué de 32 0/0 dans le même intervalle, tandis que les matières textiles et les denrées minérales perdaient 36 0/0 de leurs prix antérieurs. La baisse est également sensible pour les exportations anglaises constituées par des produits manufacturés.

On peut mettre en évidence le phénomène de la baisse générale des prix en se servant des *Index Numbers*, que publie chaque année M. A. Sauerbeck dans le *Statist*. Ces nombres sont des coefficients proportionnels obtenus en combinant les prix de gros de 45 marchandises importantes.

Les variations des *Index Numbers* indiquent les oscillations du niveau moyen des prix, et elles révèlent, tout au moins, le sens dans lequel ces oscillations se sont produites depuis la série d'années 1869-1877, dont les cours ont été pris comme terme de comparaison. Voici les *Index Numbers* cités par le *Statist* à partir de 1873 (1) :

Période 1869-77.	. . . . . .	100
—	1873.	111 (maximum).
—	1878.	87
—	1879.	83
—	1880.	88
—	1881.	85
—	1882.	84
—	1890.	72
—	1891.	72
—	1892.	68
—	1893.	68
—	1894.	63

(1) Voir *Bulletin de statistique du ministère des Finances.* Février 1895.

D. ZOLLA.   18

On voit que cette baisse rapide n'est pas spéciale aux produits agricoles, puisqu'il s'agit ici d'une moyenne relative aux cours de 45 marchandises choisies parmi des denrées fabriquées aussi bien que parmi les matières alimentaires ou les substances utilisées dans l'industrie. La baisse des prix est donc générale; elle atteint l'industrie aussi bien que l'agriculture. La concurrence étrangère doit-elle être, toutefois, accusée de cette dépression? Lorsque l'on étudie, tout au moins, la marche du prix des principaux produits agricoles en comparant les oscillations des cours aux importations correspondantes, on ne tarde pas à constater une analogie frappante entre ces variations simultanées.

Voici, par exemple, les prix de l'hectolitre de froment en France et les importations moyennes annuelles depuis 1861 jusqu'à 1875, par périodes quinquennales :

	Prix du froment par hectol.	Importations
	Fr. c.	Milliers d'hectol.
1861-1865	20 40	4.721
1866-1870	22 40	5.752
1871-1875	23 70	8.431

Ainsi, depuis 1861 jusqu'à 1875, les importations ont passé de 4.700.000 hectolitres à 8.400.000. Elles ont donc augmenté de 78 0/0.

Le prix de l'hectolitre, loin de diminuer, s'est accru de 15 0/0, puisqu'il s'est élevé de 20 fr. 40 l'hectolitre à 23 fr. 70! Pendant cette période de quinze ans, la concurrence étrangère s'est donc fait sentir, et son action sur les prix aurait dû être décisive. Pourtant, il n'en est rien : les prix s'élèvent, tandis que les importations se développent.

En Angleterre, on observe les mêmes faits.

Voici les prix du froment et les importations :

	Prix par quarter en shillings.	Importations. (Millions de cwts).
1856-1860	53	18.6
1861-1865	47	27.8
1866-1870	54	31.7
1871-1875	54	43.7

La fixité des prix est aussi remarquable que l'élévation rapide du chiffre des importations; ces dernières se sont accrues de 130 0/0 en vingt ans!

On pourrait dire, il est vrai, qu'à une autre époque les prix se sont élevés rapidement *parce que* les importations étaient moins considérables. N'en a-t-il pas été ainsi notamment, en France et en Angleterre, au moment où une législation douanière très nettement protectrice écartait les blés étrangers? Examinons, pour pouvoir répondre à cette question, les variations simultanées des importations et des prix du froment en France depuis 1820 jusqu'à 1850. Voici, par exemple, les chiffres relatifs aux années qui ont suivi immédiatement le vote de l'Échelle mobile (1819) :

	Prix par hectolitre	Importations
	Fr. c.	Milliers d'hectol.
1820.	19 13	495
1821.	17 79	442
1822.	15 59	0
1823.	17 52	0
1824.	16 22	0
1825.	15 74	0
1826.	15 85	0
1827.	18 21	44
1828.	22 03	850
1829.	22 59	1.207

Il est clair que les prix se sont abaissés, bien

que les importations fussent insignifiantes ou
nulles. Les entrées ne deviennent importantes
qu'en 1828 et 1829, mais les prix s'élèvent à ce
moment et la hausse coïncide précisément avec
l'augmentation des importations étrangères.

Voici, maintenant, les moyennes quinquennales relatives aux mêmes variations depuis 1830
jusqu'à 1860.

	Prix par hectolitre	Importations
	Fr. c.	Milliers d'hectol.
1831-1835	18 21	1.121
1836-1840	19 86	804
1841-1845	19 61	1.193
1846-1850	19 87	3.252
1851-1855	22 92	2.879
1856-1860	21 76	3.323

Durant les six périodes qui sont comprises
entre l'année 1830 et l'année 1860, les prix ont
toujours été supérieurs à ceux de la période
1820-1830, bien que les importations aient augmenté. Les cours sont, au contraire, inférieurs à
ceux des années 1860-75, *malgré la suppression
de l'Échelle mobile en* 1861, *et malgré le développement rapide des importations!*

18.

Ces faits ne sont pas particuliers au froment ; on peut signaler le même contraste en ce qui concerne le bétail. Depuis 1820 jusqu'à 1850, le prix de la viande de bœuf, par exemple, reste fort bas, bien que les importations soient insignifiantes et malgré l'existence des tarifs protecteurs. Voici les cours des périodes décennales : 1820-1830, 1830-1840 et 1840-1850.

PRIX DU KILOGRAMME DE BŒUF A PARIS

	Fr. c.
1820-1830.	0 94
1830-1840.	1 »
1840-1850.	1 05

A partir de 1850, les prix s'élèvent, mais les importations *s'accroissent* avec une extrême rapidité :

	Prix du kilogr.		Importations milliers de têtes.	
	Bœuf.	Mouton.	Bovidés.	Ovidés.
	Fr. c.	Fr. c.		
1840-1850.	1 05	1 17	43.000	130.000
1850-1860.	1 13	1 30	92.000	260.000
1860-1870.	1 31	1 46	180.000	868.000
1870-1880.	1 59	1 73	193.000	1.516.000

Tous les faits que nous venons de signaler

comportent la même conclusion, et voici comment on peut la résumer :

« Depuis 1820 jusqu'à 1850, la concurrence étrangère a été fort peu redoutable, les importations ont été très faibles, et cependant les prix sont restés très bas.

« Depuis 1850 jusqu'à 1875 ou 1880, la concurrence étrangère s'est développée avec une prodigieuse rapidité, les importations se sont accrues dans une proportion énorme; elles ont presque doublé pour le froment, triplé ou décuplé pour le bétail, et cependant le prix de la viande n'a pas cessé de s'élever! »

Aujourd'hui, les importations fléchissent, tandis que les prix s'abaissent. Ainsi, malgré l'élévation des droits de douane portés à 3 francs par quintal pour les froments étrangers en 1885, et à 5 francs en 1887, on observe les variations suivantes :

	Prix du froment par hectolitre	Importations
	Fr. c.	Milliers d'hectol.
1876-1880	22 30	17.479
1881-1885	19 40	14.091
1886-1890	18 20	12.826

Nos importations de bétail ont diminué également, tandis que les cours s'abaissent. Ce mouvement est particulièrement marqué depuis 1883 pour les animaux de l'espèce bovine :

	Prix du kilogr.	Importations
	Fr. c.	Milliers de têtes.
1883.	1 81	215.000
1884.	1 69	176.000
1885.	1 59	152.000
1886.	1 53	154.000
1887.	1 39	97.000
1888.	1 44	73.000
1889.	1 45	80.000
1890.	1 61	99.000
1891.	1 60	82.000
1892.	1 52	36.000
1893.	1 50	20.000

Depuis 1883 jusqu'à 1893, les importations ont diminué dans la proportion de 10 à 1, tandis que les cours s'abaissent de 1 fr. 81 c. à 1 fr. 50 c. le kilogramme ! Comment expliquer cette dépression des cours, si la concurrence est seule capable de la produire? N'est-il pas visible, au contraire, que le prix du bétail diminue au moment où la concurrence étrangère est presque nulle, puisque les importations sont devenues *dix fois moins considérables?*

Il faut bien avouer que le contraste est frappant et que la réduction des achats de bétail ou de grains à l'étranger ne peut guère expliquer l'affaissement des cours. L'impuissance des tarifs protecteurs n'est pas moins évidente, et l'on se trouve forcé de le reconnaître.

La baisse s'accentue d'année en année malgré les droits de douane votés pour la prévenir ou la limiter, tandis qu'à partir de 1850 la hausse des prix devenait de plus en plus sensible malgré la liberté commerciale qui devait, au contraire, déterminer une redoutable dépression des cours.

Est-il possible, cependant, d'indiquer au moins la cause de cette étrange révolution si nous ne pouvons avoir la prétention d'en mesurer les effets avec une parfaite précision ?

Il nous semble que l'étude du passé doit éclairer celle du présent. Ainsi que nous l'avons déjà dit à plusieurs reprises (1), on a pu constater,

(1) Voir notamment nos « Études sur le commerce des produits agricoles et les variations du prix des terres ». *Annales agronomiques*, 1887 à 1889, et le volume d'*Études d'Économie rurale*, déjà cité.

non seulement en France, mais dans l'Europe entière, un abaissement rapide et une longue stagnation des prix, au xviiie siècle, depuis 1751 jusqu'à 1760, puis au xixe siècle, depuis 1815 jusqu'à 1850. Durant ces deux longues périodes, le cours des denrées agricoles et le prix des terres ont subi une dépression *analogue* à celle qu'on observe en ce moment.

A deux reprises différentes, au contraire, vers la fin du règne de Louis XV, jusqu'aux dernières années du xviiie siècle, et depuis 1850 jusqu'en 1873, les prix se sont élevés rapidement.

Il paraît établi qu'au xviiie siècle aussi bien qu'au xixe, ces curieuses oscillations étaient dues soit à l'augmentation, soit à la diminution du pouvoir d'achat des métaux précieux. Dans la première moitié du xviiie siècle, c'est leur rareté relative qui vient accroître leur valeur; les prix baissent par conséquent, puisqu'il faut un moindre poids d'or ou d'argent pour acquérir les mêmes quantités de marchandises.

A partir de 1750 ou 1760, un phénomène inverse se produit. Les métaux précieux deviennent plus abondants; des mines nouvelles sont découvertes qui jettent sur le marché européen une masse plus considérable de lingots bientôt monnayés. L'or et l'argent baissent de valeur et les prix s'élèvent d'un mouvement rapide et irrésistible. Dès les premières années de la Restauration, au contraire, malgré l'accroissement des valeurs échangées, malgré le développement du commerce européen, l'afflux des métaux monétaires vient à cesser ; leur puissance d'acquisition s'accroît brusquement et la crise agricole se fait sentir. Le prix des produits ruraux s'abaisse, les loyers agricoles diminuent, et, malgré la longue paix dont la France a joui durant cette période, le niveau des prix ne s'élève plus. Il monte brusquement après 1850 lorsque les importations d'or multiplient les métaux monétaires et provoquent une baisse nouvelle de leur valeur.

A partir d'une date précise, c'est-à-dire depuis 1873, la baisse s'est de nouveau fait sentir. La démonétisation de l'argent et la dépréciation inouïe de ce métal par rapport à l'or créent, en effet, une situation nouvelle et constituent une véritable révolution économique. L'or est devenu, depuis dix-huit ou vingt ans, la seule monnaie ayant réellement un pouvoir libératoire illimité et possédant, seule aussi, le caractère de monnaie internationale. L'argent perd actuellement plus de 50 0/0 du pouvoir d'achat qu'il possédait en 1873 ; il n'est plus, dans les mains de ses détenteurs, qn'un lingot de métal servant de gage à un emprunt réalisé en or, ou une pièce de monnaie à laquelle, par une convention spéciale et une tradition respectée, nous accordons dans l'intérieur d'un pays comme la France, une valeur qu'elle n'a pas réellement. A beaucoup de nations l'or fait défaut. Ailleurs, on l'accumule avec un soin jaloux dans les caisses des grandes banques publiques. Partout on se le dispute, et ce métal qui a seul cours, aujourd'hui, en Europe et qui sert seul aux règlements internationaux les plus importants, possède un pouvoir d'achat qui s'est fort probablement accru.

Ce sont là des faits d'une gravité exceptionnelle et qui peuvent, selon nous, expliquer en partie, la baisse actuelle des prix. Au milieu de cette étrange tourmente qui est venue effrayer et déconcerter le monde des affaires, il est difficile de se rendre compte, avec quelque précision, de l'action qu'ont pu exercer séparément sur la marche des cours la concurrence étrangère, la dépréciation sans précédent du métal-argent et la rareté *relative* de l'or. Cette rareté ne résulte pas d'une moindre production, mais bien de la multiplication des services qu'il doit rendre presque seul aujourd'hui, comme monnaie internationale ; elle résulte également du soin avec lequel on cherche, partout, à le retenir ou à l'accumuler dans les caisses des particuliers ou dans celles des grandes banques qui appauvrissent par ce fait la circulation générale.

Admise sans contestation pour d'autres périodes analogues à celle que nous traversons, l'influence de la dépréciation ou de l'augmentation du pouvoir d'achat des métaux précieux doit être logiquement reconnue aujourd'hui. Sans prétendre contester un seul instant l'influence des autres faits économiques et de la concurrence étrangère en particulier, c'est à une crise monétaire résultant de la rareté relative de l'or que nous croyons pouvoir attribuer la crise dont l'agriculture et l'industrie subissent à cette heure les conséquences imprévues.

En revanche, on a singulièrement exagéré ou dénaturé l'influence qu'exerce la dépréciation de l'argent sur les relations commerciales entre les pays à étalon d'or et les nations à étalon d'argent. La roupie, monnaie d'argent indienne, considérée comme lingot, a perdu aujourd'hui 55 0/0 de son pouvoir d'achat par rapport à l'or; en d'autres termes, le poids d'argent d'une roupie s'échange aujourd'hui contre un poids d'or moitié moins considérable que celui qu'il aurait pu acquérir en 1873.

En résulte-t-il que le prix *en or* des marchandises indiennes ait diminué de moitié? En aucune façon. Il faudrait, pour cela, que la valeur en or de la roupie *monnayée* eût diminué dans la même proportion que le métal-argent. Il faudrait, en outre, que le pouvoir d'achat de la roupie par rapport aux autres marchandises n'eût pas subi de réduction. Or ces hypothèses sont toutes deux inexactes. La valeur-or de la roupie s'élevait, par exemple, à 100 en 1881, et elle ne s'est abaissée qu'à 84 en 1891. La baisse n'est donc que de 16 0/0 et non pas de 55 0/0. En outre, la quantité de marchandises échangée contre une roupie a *diminué* à mesure que la valeur-or de celle-ci s'abaissait également. Ainsi la valeur-or de la roupie étant représentée par 100 en 1881, on constate les variations suivantes pour cette valeur et pour les quantités de froment achetées par une roupie (1) :

	Valeur en or de la roupie.	Quantité de froment achetée par une roupie.
1881.	100	100
1882-1891	84,8	97,3

La baisse de la roupie est donc en partie compensée par la réduction de son pouvoir d'achat, à l'égard du blé notamment. L'écart qui subsiste ne dépasse pas 12,5 0/0.

Il faut évidemment tenir compte de pareils faits lorsque l'on étudie les conséquences de la crise monétaire. Cette question est, d'ailleurs, trop importante et trop vaste, pour que nous ayons la

(1) Voir le rapport de M. Conor, *Review of the Trade of India.*

prétention de la traiter aujourd'hui, dans son ensemble.

Nous aurons l'occasion de revenir bientôt sur ce sujet.

BIBLIOGRAPHIE

Indépendamment des statistiques officielles, relatives à notre commerce international, on consultera avec intérêt :

L'Agriculture aux États-Unis, par M. Levasseur (chapitre relatif au blé de l'Inde).

La Question monétaire, par M. Poinsard. 1 vol. chez Giard et Brière, rue Soufflot, 16, Paris.

La Monnaie, le Crédit et le Change, par M. Arnauné. 1 vol. Paris, Alcan, 1894.

XVIII

Le mal qu'on dit des propriétaires fonciers. — Le socialisme et les petits propriétaires. — Le rôle des propriétaires fonciers. — Monographie d'une exploitation soumise au régime du métayage. — Importance marquée du rôle joué par le propriétaire. — Un compte de métayage. — L'étude de la réalité dissipe les erreurs relatives au rôle du propriétaire.

On a dit souvent bien du mal des propriétaires fonciers. S'il fallait en croire les adversaires irréconciliables de la propriété privée, tout possesseur d'un domaine rural serait un parasite et un « exploiteur ». Seuls les petits propriétaires cultivant eux-mêmes leurs terres trouvent grâce devant leurs ennemis. C'est là une bien mince concession ; et, pourtant, nous pouvons y voir une grave dérogation aux « principes ». — Si l'égalité absolue est un dogme, nous ne comprenons pas pourquoi on laisserait subsister des petits propriétaires à côté des prolétaires ruraux : et, en tous cas, il serait singulièrement difficile

de définir exactement ce qu'on appelle une
« petite propriété ». Le prix de l'hectare de terre
plantée en vignes s'élève dans l'Hérault jusqu'à
10.000, 15.000 et même 20.000 francs! Ailleurs,
en Sologne, par exemple, il s'abaisse à 600 ou
700 francs. Une *petite* propriété de 10 hectares
peut donc valoir 100.000 ou 200.000 francs dans
le Languedoc, tandis qu'elle n'aurait guère un
prix supérieur à 6.000 ou 7.000 francs dans la
région du Loir-et-Cher dont nous parlions tout
à l'heure. Le « petit propriétaire » peut donc être
un riche capitaliste, ou un très modeste
« paysan ». Comment est-il possible de concilier
le respect de la petite propriété avec le souci de
l'égalité? Il faudrait, pour réussir, tenir compte
de la valeur et non de l'étendue des propriétés.

Malheureusement, il nous est également impossible de comprendre pourquoi une propriété
valant 6.000 francs serait respectable alors que
le domaine voisin ayant un prix de 6.500 francs
devrait être considéré comme le résultat d'une
usurpation, inconciliable avec une bonne « organisation » sociale.

Peut-être est-il, d'ailleurs, inutile d'insister

sur ce point. Nous constatons simplement que le respect de la petite propriété est singulièrement illogique du moment que la légitimité même de la propriété privée est non seulement contestée, mais encore ouvertement niée par les socialistes. Ces derniers sont tout spécialement sévères à l'égard des propriétaires qui ne cultivent pas eux-mêmes et se bornent à louer leurs domaines. Ces capitalistes se bornent, paraît-il, à percevoir des revenus, et le développement de leur fortune, l'accroissement de leurs fermages ont pour conséquences la misère du travailleur manuel. « La rente de la terre progressera, tandis que les salaires baisseront », dit Henry Georges (1), et, plus loin, le socialiste américain ne craint pas d'ajouter : « Du produit total, le propriétaire prendra une part de plus en plus grande et le travailleur une part de plus en plus petite. »

En regard de ces affirmations, il est bon, croyons-nous, d'exposer les faits constamment observés, et qui les contredisent formellement. Non seulement nous n'admettons pas que le pro-

______

(1) H. Georges : *Progrès et Pauvreté.*

priétaire soit un parasite, mais il nous paraît certain qu'il joue un rôle très important dans l'œuvre de la production agricole. C'est ce rôle que l'on connaît peu ou que l'on connaît mal. Il faut donc le mettre en lumière et en montrer l'utilité. Le « travailleur » rural, le modeste salarié dépourvu de capitaux est le premier à bénéficier de cette organisation sociale qu'il est de mode de travestir et de décrier sans l'avoir suffisamment étudiée.

Nous voici, par exemple, dans une région relativement pauvre, dans le Limousin. Les terres de labour valent environ 1.000 ou 1.200 francs l'hectare, là où nous nous arrêtons, et le prix de fermage s'élève à 40 francs. Les salaires sont encore assez bas. Un domestique ne reçoit guère que 300 à 350 francs par an ; les manœuvres touchent 1 fr. 75 dans le courant de l'année, et 1 fr. 50 seulement pendant les mois d'hiver, décembre, janvier et février. A l'époque de la moisson, l'ouvrier reçoit la même somme, mais il est nourri, et on lui donne deux litres de vin. En résumé, le sol n'est pas très fertile et la population agricole est assez pauvre. Est-ce le monopole du propriétaire qui arrête le développement de la richesse et limite les gains des « travailleurs » ruraux? En aucune façon. Voici, au contraire, le rôle que joue le propriétaire : Parmi les ouvriers, il en distingue un plus laborieux, plus intelligent, plus capable, en un mot, de faire œuvre utile, il le prend pour *associé*.

Singulière association, en vérité, car l'ouvrier rural n'apportera guère autre chose que ses bras, et le concours de sa famille. Bien souvent il ne possède *rien de ce qui est indispensable pour cultiver*. Nous ne parlons pas de la terre et des bâtiments d'exploitation; il est clair que notre travailleur n'est pas propriétaire; mais nous faisons allusion aux capitaux de culture, c'est-à-dire au bétail, aux semences, aux fourrages, aux avances indispensables pour attendre les récoltes prochaines, aux instruments, ou aux outils. Bien rarement le modeste paysan que le propriétaire foncier prend comme associé possède tous les instruments de culture, valant quelques centaines de francs, et jamais il n'est propriétaire des autres éléments du capital d'exploitation. C'est le propriétaire foncier qui va les lui fournir; c'est ce propriétaire qui lui donnera bétail, semences, engrais, et avances nécessaires pour travailler et pour vivre. Prenons un exemple, cherchons à nous rendre compte de la situation respective des deux associés, et de l'importance de leurs efforts.

Voici un domaine de 40 hectares, valant environ 40.000 francs. Le propriétaire va fournir :

1° La terre avec les bâtiments d'exploitation et d'habitation et un stock de fourrages et d'engrais, soit. fr. **40.000**

2° Un capital d'exploitation ainsi constitué :

(*a*) 2 bœufs . . . .⎫
(*b*) 12 vaches d'élevage. . . . .⎪
(*c*) 1 vache laitière. . . . .⎪
(*d*) 4 génisses . . . . ⎬ **9.400**
(*e*) 10 élèves. . . . .⎪
(*f*) 50 brebis et 1 bélier . . . .⎪
(*g*) 2 truies et 8 porcs . . . .⎭

(*h*) Charrettes, charrues, herses, etc **600**

Total de l'apport du propriétaire. **50.000**

Nous ne comptons que pour mémoire le fonds de roulement destiné aux avances à faire au cultivateur associé.

En regard de ce chiffre de 50.000 francs, représentant l'apport du propriétaire, évalué avec beaucoup de modération, il faudrait inscrire

celui de l'*associé*. Malheureusement, ce dernier
ne possède *rien*, ou, tout au moins, il ne possède
que fort peu de chose. Nous nous contenterons
de lui supposer :

Un apport de . . . .   500 francs.
En regard, l'apport du propriétaire . 50.000   —

Ainsi, le cultivateur choisi comme associé par
le propriétaire fournit, environ *un p. 100* des
capitaux nécessaires à l'exercice de son industrie!
Le possesseur du sol fournit donc les 99 centièmes de ces derniers.

Quelles sont, maintenant les conditions de
l'association?

En principe, toutes les récoltes et tous les
produits ou profits sont partagés par moitié.
Le cultivateur paye, en totalité, l'impôt foncier, sa cote personnelle et son impôt mobilier,
puis la moitié des prestations. En compensation, le propriétaire lui fournit le logement et
celui de la famille, un jardin potager et fruitier
dont tout le produit appartient à ce cultivateur,
les gros légumes, pommes de terre, haricots, etc.,
pour la consommation de la famille, le lait de la

vache laitière après la vente des veaux à un mois ou six semaines au plus, le logement des animaux de ferme, tout le chauffage pour la famille et la cuisson des aliments.

De plus, sur le montant de la vente des animaux, l'associé cultivateur reçoit : 1° 3 francs par tête de veau, de génisse, de bœuf ou de vache ; 2° 10 francs par tête de jeunes taurillons vendus comme reproducteurs ; 3° 0 fr. 50 par tête d'agneau ou brebis vendus à la boucherie et 1 franc par tête pour les béliers destinés à la reproduction ; 4° 1 fr. 50 par tête pour chaque porcelet et 3 francs pour chaque porc gras vendu.

Si la famille du cultivateur ne peut pas exécuter elle-même le sarclage des récoltes, le propriétaire acquitte la moitié de ses dépenses.

Tels sont les conditions du contrat qui lie et *unit* le propriétaire à son associé.

Est-ce là une convention onéreuse pour ce dernier ? Il faudrait, en vérité, être bien mal avisé pour le soutenir. Qui ne voit, au contraire, que le propriétaire fournissant les 99 centièmes des capitaux nécessaires à la culture, et partageant *en nature* les récoltes, reste exposé à toutes les mauvaises chances? Qui ne voit que le cultivateur pauvre, dépourvu de tout ce qui est indispensable pour exploiter le sol, trouve dans le propriétaire un prêteur et un associé dont la bonne volonté ne se dément jamais parce que, réellement, les intérêts des deux hommes que le contrat unit sont intimement liés?

Eh bien! ce contrat d'association n'est pas une invention récente de nos philanthropes contemporains. Depuis plusieurs siècles, il est utilisé en France, et on l'appelle le *métayage* ou le *colonage partiaire*.

Dans 21 de nos départements, ce mode d'exploitation est généralement employé; on compte 344.000 familles dont les chefs, sortis des rangs des ouvriers agricoles, ont pu devenir des entrepreneurs de culture, et s'élever ainsi au-dessus de leur condition première.

Revenons, maintenant, à l'étude de l'exploitation d'un domaine placé sous le régime du métayage, et cherchons quels sont les revenus du propriétaire ou les profits du colon. C'est la même propriété que nous prendrons comme exemple.

Quelques détails relatifs aux cultures sont, tout d'abord, indispensables.

Le domaine de P... a une superficie de 40 hectares, ainsi que nous l'avons dit plus haut. Les terres sont ainsi divisées :

Hectares.

1º	14 »	de terres arables ;
2º	11 »	de prairies naturelles ;
3º	1 50	de prairies temporaires ;
4º	2 »	de taillis ;
5º	1 50	de chataigneraie ;
6º	10 »	de bruyères.
	40 »	

Chaque année, le propriétaire exige que l'on chaule le quart de l'assolement. Ce chaulage est pratiqué en mars ou avril.

Sur le terrain chaulé, on sème des betteraves, des rutabagas et des raves. Ces cultures soigneusement sarclées et abondamment fumées donnent une grosse provision de fourrages pour l'hiver. Après les récoltes de racines, la terre est laissée libre jusqu'au printemps et porte, alors, une avoine dans laquelle on sème du trèfle. Ce dernier fournit, l'année suivante, des coupes fort abondantes.

Le foin des prairies naturelles, celui des prés temporaires, et les racines dont nous venons de parler constituent un gros stock d'aliments pour le bétail. On peut, en outre, y joindre le produit des raves *semées en récolte dérobée immédiatement après la récolte, des céréales*. Enfin, on cultive tous les ans environ un hectare en topinambours. Ceux-ci, mélangés avec des racines et du foin, sont surtout donnés aux jeunes veaux, aux bêtes à l'engrais, et plus spécialement aux agneaux destinés à la boucherie.

Il est aisé de voir que l'on cherche surtout à obtenir des aliments destinés aux animaux de ferme. La culture des céréales ou des plantes industrielles n'a qu'une très faible importance. Le seigle et l'avoine sont préférés au froment qui ne donne pas encore des récoltes avantageuses. Le sarrasin est abandonné au métayer à la condition que ce dernier engraisse 6 à 8 porcs chaque année.

Enfin, l'importance de l'élevage et de l'engraissement est si grande dans le domaine dont nous parlons, qu'il est nécessaire d'acheter des sons et des tourteaux. Le montant de ces achats varie de 550 à 800 francs par an, et dépasse même, parfois, ce chiffre. Les pommes de terre *qui ne sont point partagées* servent également à la nourriture du bétail et plus particulièrement à celle des porcs.

Les animaux de l'espèce bovine appartiennent à l'excellente race limousine dont la réputation n'est plus à faire.

Ce sont les jeunes animaux mâles que l'on vend vers dix mois. Il est donc nécessaire de posséder surtout de bonnes vaches et d'excellents reproducteurs mâles. On y parvient à l'aide d'une sélection attentive. Les meilleures génisses remplacent les vaches vendues soit pour la reproduction, soit pour l'engraissement. Tous les trois ans, le propriétaire achète au dehors un taureau limousin de premier choix, et il n'hésite pas dans ce but à faire de sérieux sacrifices dont les métayers ne supportent pas le poids.

Les animaux de l'espèce ovine appartiennent à la race *south-down*. Les agneaux sont vendus vers six ou huit mois. Le troupeau se compose de 50 brebis et de 1 bélier; on ne conserve que 5 ou 6 agnelles destinées, chaque année, à remplacer les brebis mères trop âgées et engraissées pour la boucherie.

Enfin, tous les jeunes porcelets sont vendus vers trois mois, sauf 5 ou 6 bêtes de choix conservées pendant quinze ou dix-huit mois et engraissées. La race adoptée est celle dite de *Yorkshire*.

Sauf les reproducteurs mâles, achetés souvent au dehors pour éviter les inconvénients de la consanguinité, on voit que le domaine dont nous parlons produit tous les animaux élevés et engraissés.

Voici, maintenant, le relevé des produits vendus durant l'année 1894 :

A. PRODUITS D'ORIGINE ANIMALE

	Fr.	c.
Animaux de l'espèce bovine.	4.204	40
Animaux de l'espèce ovine	1.110	05
Laines des brebis et agneaux	162	»
Animaux de l'espèce porcine	1.335	»
Total.	**6.811**	**45**

B. PRODUITS D'ORIGINE VÉGÉTALE

Seigle	792	»
Avoine.	426	20
Total.	**1.218**	**20**

En résumé, les produits obtenus sont les suivants :

	Fr.	c.
Produits du bétail.	6.811	45
Produits des cultures.	1.218	20
Total.	8.029	65

Ce n'est pas là, véritablement, le produit brut du domaine. Il faut retrancher de ce premier total la valeur des animaux, des fourrages, tourteaux, engrais, semences, etc., etc., qui ont été achetés dans le courant de la même année. Compter, en effet, le prix des animaux, sans parler des aliments qui sont venus du dehors, c'est grossir artificiellement et indûment le produit brut véritable, Or, nous trouvons :

	Fr.	c.
Achats d'animaux.	645	»
Achats d'engrais	161	85
Achats de fourrages.	998	60
Achats de son et tourteaux, etc.	641	70
Total.	2.450	15

En retranchant ce total du produit des ventes il reste 5,579 fr. 50 c., qui représentent le produit brut réel du domaine dont nous parlons.

Quant aux dépenses à connaître pour arriver à dégager le produit net, elles sont les suivantes :

	Fr.	c.
Impôts.	281	80
Assurances	25	45
Main-d'œuvre payée par les deux associés (propriétaire et métayer, pour 1/2 chacun).	331	30
Dépenses diverses (maréchal ferrant, charron, etc.).	64	30
Total.	702	85

La somme nette à partager entre le propriétaire et le métayer s'élève à *5.579 fr. 50 — 702 fr. 85 = 4.876 fr. 65* et la part de chacun est de *2.438 fr.*

Ainsi, le métayer qui ne possède pas autre chose que son modeste mobilier personnel, quelques instruments et quelques centaines de francs, est logé, chauffé et en partie nourri par le propriétaire qui lui abandonne gratuitement la jouissance d'un jardin, et lui fournit les gros légumes nécessaires à sa famille ; en outre, ce métayer touche à la fin de l'année 2.438 francs.

Encore faut-il ajouter à cette somme 108 fr. de gratifications pour la vente des animaux, ce qui porte le revenu ou les gains du colon à *2.546* francs.

En admettant qu'il fallût prélever sur cette somme 600 francs pour les gages et la nourriture d'un domestique, il resterait encore près de 2,000 francs. Ce gain est double de celui que pourrait réaliser un ouvrier rural dans la même région, et encore faudrait-il retrancher du revenu annuel de ce dernier le loyer de la maison, celui du jardin et la valeur du bois ou des légumes donnés par le propriétaire à son métayer. — En un mot, grâce à l'association du cultivateur et du propriétaire, le travailleur rural acquiert la jouissance d'une terre et est mis en possession de tous les capitaux nécessaires à l'exploitation du sol. Ses profits sont probablement *doubles* de ceux qu'il aurait pu réaliser comme simple salarié.

Comment prétendre, encore, lorsque l'on constate de pareils faits, que le propriétaire est un oisif et un parasite? Un oisif? Mais n'est-il pas certain, au contraire, qu'il reste, à tout moment, le directeur véritable et l'administrateur prévoyant dont l'influence s'exerce pour prévenir le gaspillage, pour conserver au sol sa fertilité, et défendre, en un mot, les intérêts de l'avenir contre les convoitises de ceux qui ne songent qu'au présent? Un parasite? Mais qui peut se refuser à constater que le propriétaire permet, au contraire, à son associé de doubler ses profits ordinaires, et, par conséquent, d'améliorer les conditions de son existence? Sans doute, ce propriétaire n'a pas pris au hasard le premier venu comme associé. Il a choisi son métayer, et ce choix a été déterminé par la connaissance des qnalités, morales ou physiques, dont le succès dépend. C'est précisément en cela que le rôle du propriétaire est important et délicat; c'est en cela qu'il est utile et, somme toute, bienfaisant. Confiés au premier venu, à celui que les socialistes contemporains voudraient pourvoir des instruments de production nationalisés, le sol et les capitaux d'exploitation auraient été, sans nul doute, dégradés ou détruits.

Concédée avec discernement au cultivateur laborieux et honnête que le propriétaire a choisi, la jouissance du sol et du capital de culture nécessaire à l'exploitation est, au contraire, une source de richesse.

L'intérêt personnel toujours en éveil transforme chaque propriétaire en un intendant vigilant. Il remplit ainsi gratuitement une fonction sociale de la plus haute importance ; c'est lui qui conserve intact ou qui améliore le patrimoine de la génération suivante.

« Mais, peut-on nous objecter, il resterait deux points à examiner. Les gains assurés au métayer dont vous parlez n'ont-ils pas été exagérés à dessein en choisissant une année exceptionnelle, et puis, les revenus du propriétaire ne lui assurent-ils pas, en retour de ses avances, des profits usuraires ? »

Rien n'est plus facile que de répondre à ces deux questions.

Nous avons vu qu'en 1894 les gains de notre métayer s'étaient élevés à 2.546 francs. Ils ont été :

En 1893, de 2.574 francs ;

En 1892, de 3.065 francs.

Il est donc certain que nous n'avons pas choisi une année exceptionnelle. Bien au contraire, les gains obtenus en 1894 sont inférieurs à ceux que le métayer a obtenus en 1893 et 1892.

Examinons, maintenant, la situation du propriétaire. Le domaine de P... dont il s'agit pourrait être loué moyennant un prix de fermage de 1.600 francs environ. Dans ce cas, bien entendu, le propriétaire ne fournirait plus les capitaux de culture, c'est-à-dire le bétail, les semences, instruments, etc. Or, nous venons de voir qu'en 1894 la part qui lui était attribuée s'élevait à 2.438 francs environ. C'est là un revenu net moyen inférieur à celui des années 1893 et 1892. Il est cependant supérieur au prix de fermage dont nous parlions plus haut et l'écart qui s'élève à *838 francs* représente l'intérêt des avances faites au colon aussi bien que la légitime rémunération du *travail de direction*. Bref, en consacrant un capital de 10.000 francs à la culture de son domaine sous le régime du métayage, notre propriétaire obtient un revenu *supplémentaire* de 838 francs.

C'est un placement à 8,38 0/0! Ces faits nous démontrent de la façon la plus claire que le propriétaire est directement *intéressé* à s'occuper de sa terre et à en faciliter la culture par l'avance d'un capital d'exploitation.

Il ne s'agit pas ici d'un contrat de bienfaisance, d'une institution charitable, ou d'un acte de philanthropie. Nous ne regrettons même pas qu'il en soit ainsi. Le métayer ne reçoit pas un cadeau ; il n'a pas à reconnaître un bienfait ; son propriétaire reste son associé. Reposant sur cette base, leur association est plus conforme à la moyenne des sentiments humains. Les bons propriétaires, et ils sont nombreux, rendent, d'ailleurs, assez de services à ceux qu'ils dirigent pour que leur influence bienfaisante et leur dévouement à la cause des humbles soient partout estimés.

Il est bon aussi de montrer qu'en s'intéressant aux choses de la terre un propriétaire peut placer ses capitaux d'une façon avantageuse. L'exemple que nous venons de citer servira à le prouver. Il peut nous permettre d'affirmer aussi que le rôle des propriétaires a été travesti, et qu'en réalité son utilité est très grande.

Lorsqu'on étudie les faits au lieu de se contenter de critiquer et de maudire la société et son « organisation », on peut découvrir ainsi bien des vérités utiles à connaître et bonnes à signaler.

BIBLIOGRAPHIE

Nous aurions été heureux de pouvoir signaler ici de nombreux ouvrages traitant cette question des rapports qui existent entre les propriétaires et leurs tenanciers. Malheureusement nous ne connaissons pas d'ouvrage sur ces matières, et l'on n'a pas pris soin, nous le croyons du moins, de mettre en lumière le rôle que jouent les propriétaires dans l'œuvre de la production agricole, comme prêteurs, et comme associés.

C'est là une lacune que nous nous efforcerons de combler.

D. ZOLLA.   20

TABLE DES CHAPITRES

Paris. — Imprimerie L. Maretheux, 1, rue Cassette. — 5716.